国家社科基金教育学一般课题“区域推进现代海洋教育的探索与实践”（BHA140113）成果

中小学海洋教育精品拓展课程丛书

研究性学习与海洋环境保护行动

YANJIUXING XUEXI YU HAIYANG HUANJING BAOHU XINGDONG

徐朝挺　主　编

徐豪壮　副主编

海洋出版社

2021年·北京

内 容 简 介

主要内容：本书共包括岛礁模型制作、海洋生物标本制作、研究性学习和海洋环境保护行动4个专题。每个专题根据各自情况，分别介绍了岛礁模型的制作、海洋生物标本的制作、如何进行不同类型的研究性学习，并通过多方面的知识与信息，介绍了海洋环境保护的重要性以及如何参与海洋环境保护的行动。

本书特色：图文并茂、步骤清晰，并提供案例范本，在强调知识性、操作性、趣味性与拓展性的同时，潜移默化地使学生掌握各方面海洋知识。

适用范围：可作为中小学海洋教育知识读本，也可供教师指导学生进行相关技能学习时参考。

图书在版编目（CIP）数据

研究性学习与海洋环境保护行动 / 徐朝挺主编. --北京 ：海洋出版社, 2021.1

（中小学海洋教育精品拓展课程丛书 / 周磊斌主编）

ISBN 978-7-5210-0690-2

Ⅰ. ①研… Ⅱ. ①徐… Ⅲ. ①海洋环境－环境保护－青少年读物 Ⅳ. ①X55-49

中国版本图书馆 CIP 数据核字(2020)第 249046 号

责任编辑：张鹤凌
总 编 室：（010）62114335
责任印制：赵麟苏
排　　版：北京润鹏腾飞科技服务中心
出版发行：海洋出版社
地　　址：北京市海淀区大慧寺路8号
100081
经　　销：新华书店
技术支持：（010）62100057

发 行 部：（010）62174379
（010）68038093
网　　址：www.oceanpress.com.cn
承　　印：中煤（北京）印务有限公司
版　　次：2021年1月第1版
2021年1月第1次印刷
开　　本：787mm×1092mm　1/16
印　　张：11.25
字　　数：195千字
定　　价：67.00元

本书如有印、装质量问题可与发行部调换

本社诚征教材选题及优秀作者，邮件发至 hyjccb@sina.com

编写委员会

丛书总主编：周磊斌

丛书副总主编：周剑挺　刘训华　戴建明　徐朝挺

本书主编：徐朝挺

本书副主编：徐豪壮

本书编写人员（按姓氏笔画排序）

李卓君　张　英　张玲燕　周　琳

徐汉芳　徐朝挺　徐豪壮

序言

PREFORE

我国既是陆地大国，也是海洋大国，拥有广泛的海洋战略利益。经过多年发展，当前我国海洋事业总体上进入了历史上最好的发展时期。这些成就为我们建设海洋强国打下了坚实基础。2013年，习近平总书记就指出：建设海洋强国是中国特色社会主义事业的重要组成部分。要进一步关心海洋、认识海洋、经略海洋，推动我国海洋强国建设不断取得新成就。党的十九大做出了加快建设海洋强国的重大部署，对实现全面建成小康社会目标、进而实现中华民族伟大复兴都具有重大而深远的意义。2020年3月29日，习近平总书记在宁波舟山港穿山港区考察时指出，宁波舟山港在共建“一带一路”、长江经济带发展、长三角一体化发展等国家战略中具有重要地位，是“硬核”力量。要坚持一流标准，把港口建设好、管理好，努力打造世界一流强港，为国家发展做出更大贡献。

为了更好地落实国家海洋强国战略，2020年，浙江省政府工作报告提出“谋划建设全球海洋中心城市”，由宁波、舟山分别启动全球海洋中心城市建设。这是浙江省坚持“八八战略”，建设“海上浙江”的重中之重，更是将浙江建设成为新时代全面展示中国特色社会主义制度优越性的重要窗口的最重要内容之一。

2020年11月，党的十九届五中全会在《中共中央关于制定国民经济和社会发展第十四个五年规划和二〇三五年远景目标的建议》中再次指明要“坚持陆海统筹”“发展海洋经济”“建设海洋强国”。

随着从国家到地方一系列海洋战略的部署与实施，对舟山全体教育工作者来说，如何进一步提高中小学生及广大人民群众的海洋意识，开展中小学海洋教育实践，为各级海洋战略提供基础人才支撑和营造良好的海洋治理氛围，是所有教育人士迫切需要面对的问题。

为此，普陀区教育局从20世纪80年代开始就致力于区域推进海洋教育的探索，先后开展了海洋环保教育、海洋可持续发展教育，并于2011年提出推进现代海洋教育的思路，相应的课题也入选2014年度全国社会科学基金课题，所编写的中小学海洋教育地方课程《现代海洋教育读本》也顺利出版。2018年，“区域推进中小学现代海洋教育普陀样板的实践研究”入选舟山市首批教育品牌孵化培育项目后，普陀区教育局在与宁波大学等高校合作培养海洋教育教师、开发中小学现代海洋教育拓展课程、开发区域海洋教育资源、开展海洋教育教学等方面又做了大量的探索与实践。2019年，普陀区教育局组织一线教师编写出版了《中小学海洋教育理论与实践》，书中呈现了普陀教育工作者对中小学海洋教育的认识与价值取向、对海洋教育的实践与思考。

本丛书是中小学教师在开发海洋教育拓展性课程过程中认识、思考与实践的成果。根据课程特点，丛书分为四册：《海洋艺术与制作》《海洋美术与文学》《研究性学习与海洋环境保护行动》《海洋经济与海洋体育》。这些都是一线教师们集体智慧的结晶。

期望本丛书的出版能对广大中小学开展海洋教育、教师开发海洋教育拓展性课程起到一定的借鉴作用。

周[illegible]
2020年8月

前言

FOREWORD

中国是一个海洋大国，我国主张管辖的海域面积约300万平方千米，相当于陆地面积的三分之一。在1.8万千米的大陆海岸线和1.4万千米岛屿岸线上点缀着数十个港口城市及无数的美丽渔村。在距海岸200千米的沿海地带，生活着约5.6亿人口——优良的地理位置和人口因素使沿海地带在我国国民经济中占有举足轻重的地位。这里特有的海洋经济已经成为国民经济的新发展极。党的十九大报告明确指出“坚持陆海统筹，加快建设海洋强国”。建设海洋强国，须根植于民众之中，实践于民众之中。要不断提升全民海洋意识，强化民众的海洋强国教育。舟山市普陀区教育局自20世纪80年代开始实施区域推进中小学海洋教育，至今已有40余年，其间培养了大量的海洋事业建设者和接班人，更是为舟山群岛新区建设贡献了基础教育的力量，也为全国中小学实施海洋教育提供了普陀样板。海洋教育的研究成果多次在国内外相关会议进行学术交流和在核心学术期刊发表，这些成果曾获浙江省基础教育教学成果奖项，相关成果《中小学海洋教育理论与实践》也成功出版。

近年来，在海洋意识与海洋知识的普及的基础上，经过不断深化和拓展，普陀区教育局开发了大量的海洋教育拓展课程。经筛选和教学实践检验，整理出17门中小学海洋教育精品拓展课程资料进行出版。这些课程组成四个分册，分别是《海洋艺术与制作》《海洋美术与文学》《研究性学习与海洋环境保护行动》《海洋经济与海洋体育》。

本册是《研究性学习与海洋环境保护行动》，主要包括四个专题：岛礁模型制作、海洋生物标本制作、研究性学习和海洋环境保护行动。每个专题根据各自情况，分别介绍了岛礁模型的制作、海洋生物标本的制作、如何进行不同类型的研究性学习，并通过多方面的知识与信息，介绍了海洋环境保护的重要性以及如何参与海洋环境保护的行动。

本册由徐朝挺担任主编，徐豪壮担任副主编。具体编写分工如下：专题一岛礁模型制作由张玲燕、徐汉芳编写，专题二海洋生物标本制作由周琳编写，专题三研究性学习由徐豪壮、张英编写，专题四海洋环境保护行动由李卓君编写。

在编写过程中参考了大量文献，参阅了很多的海洋教育相关书籍，得到了众多海洋专家和教育专家的帮助，在此一并表示感谢。编者学识有限，难免有所疏漏和不妥之处，敬请指正。

徐朝挺

2020 年 8 月

目录

CONTENTS

专题一　岛礁模型制作

岛礁模型是一种以真实岛礁为原型，按比例缩小，表现岛礁地形地貌特点的模型。岛礁模型制作是一种简易地形沙盘的制作活动。

舟山被誉为“千岛之城”，近 1400 个岛屿宛如珍珠撒在万里碧波。这里礁石类型复杂、数量众多，岛、礁、山岩奇特多姿、形态各异，形成很多海蚀地貌，海、沙、山、石、洞构成风光旖旎的海岛自然景观。如何把这些自然景观微缩到方寸之间，让人一目了然，制作岛礁模型就是最好的办法。

本专题主要以制作舟山群岛中某一岛礁的模型为例，从绘制岛礁平面图开始，定比例立标杆、制作岛容岛貌、进行地物设置，到最后完成整饰和解说词，对岛屿模型的制作过程和制作要领进行完整介绍。

学习目标：了解沙盘的概念、分类；熟悉比例尺的数学概念、分类；培养空间想象能力、审美能力；增强信息整理能力和动手操作能力。同时激发学生关心海岛、热爱海岛之情，在素材整理过程中，感受舟山群岛新区的发展变化。

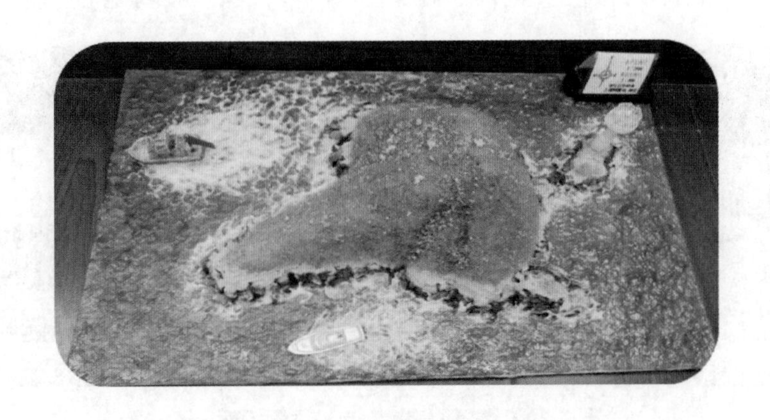

一、沙盘和地形

沙盘是根据地形图、航拍照片或实地地形，按一定的比例关系，用泥沙、木块和其他材料堆制的模型。沙盘在我国有悠久的历史，据说秦始皇在部署灭六国时，就曾亲自堆制各国地理形势，并进行研究。后来，秦始皇在修建陵墓时，还在墓中修建了大型的地形模型，不仅砌有高山、丘陵、城池等，还用水银模拟江河、大海，并用机械装置使水银流动循环。这可以说是最早的沙盘，至今已有 2200 多年的历史。

(一) 沙盘的分类

沙盘形式多样，有表现地形地貌特点的，有表示建筑设计的；有的是实物模型，有的是虚拟的电子模型。根据制作材料还可分为简易沙盘和永久性沙盘。简易沙盘多指临时搭建的。永久性沙盘一般用泡沫塑料板或胶合板、石膏粉、纸浆等材料制作而成，可以保存很长时间。根据表现形式的不同，沙盘又可以分为地形沙盘、建筑沙盘、电子沙盘等。

1. 地形沙盘

地形沙盘是实际地理情况按照一定的比例精确缩小的模型。它是以微缩实体的方式来表示地形地貌特征，并体现山脉、水体、道路等物，主要表现的是地形情况，如沈家门渔港小镇沙盘(图 1-1)、虾峙岛地形沙盘(图 1-2)及军事训练地形沙盘(图 1-3)。

图 1-1　沈家门渔港小镇沙盘

图 1-2　虾峙岛地形沙盘

图 1-3　军事训练地形沙盘

2. 建筑沙盘

建筑沙盘是以微缩实体的方式来表示建筑设计的模型(图1-4、图1-5)。它将建筑设计师的构思转化成具体的形象，最大限度地将建筑未来的样貌展现出来。

图1-4　建筑模型(一)

图1-5　建筑模型(二)

3. 电子沙盘

电子沙盘又称多媒体沙盘或数字沙盘，它通过真实的三维地理信息数据，利用先进的地理信息技术，结合多媒体技术、触摸屏技术、电路智能控制技术、模型设计技术等形成智能模型。电子沙盘主要由多媒体计算机、逻辑控制器、驱动器、舞台灯光控制器以及触摸式遥控器等设备组成，与模型沙盘、大屏幕投影以及多媒体展示软件等配合，实现对模型灯光、舞台灯光的自动、手动、遥控控制。电子沙盘以语音、文字、图片和视频图像等多媒体形式配合，对各类相关信息进行同步展示，从而达到全方位互动式的多媒体展示效果。它可分为虚拟电子沙盘、LED 数字沙盘和投影沙盘等。如图1-6所示是三维虚拟电子沙盘，如图1-7所示是舟山群岛新区规划LED电子沙盘。

图1-6　三维虚拟电子沙盘

图1-7　舟山群岛新区规划LED电子沙盘

（二）沙盘的作用

沙盘在军事上，常供研究地形、敌情、作战方案、组织协调行动和实施训练时使用。19世纪末至20世纪20年代初，沙盘主要用于军事训练，如分析地形、部署兵力，进行战术推演等。

第一次世界大战后，沙盘才在实际生活中得到了广泛运用。主要应用于城市设计领域，如展示规划的蓝图，展现景观地形地貌；也广泛应用于环境治理、工程改造、农业规划、地产设计等多个领域。

（三）舟山的地形地貌

舟山的岛屿群呈列岛形排列，自西南向东北呈两行延伸，形成列岛。海域被列岛及群岛分隔，形成众多大小不一、海况各异的海区和水道。舟山平地面积小、分布零星，多分布在较大岛屿周围或原始海湾这些低平区域，平均海拔4 m以下。了解舟山地形地貌特征，有助于制作出接近实际的岛礁模型。

舟山群岛是浙江境内天台山、四明山余脉深入海洋露出水面的部分。群岛的最高峰为桃花岛的对峙山，海拔544.4 m（图1-8）。多数岛屿山峰海拔在200 m以下。山体的五个主要部位是山顶、鞍部、山脊、山谷和陡崖。

图1-8　桃花岛对峙山

山顶通指山的最高部位。按形态可分为平顶、圆顶、尖顶（又称山峰），在地形图上一般用三角形符号▲表示，主要的山顶注有高程，即海拔高度。

鞍部是相邻两个山顶之间相对低平的部位，形似马鞍。

山脊是山顶到山麓的凸起部分。山脊最高点的连线称山脊线，如同动物的脊骨有一条突出的连线。

山谷是指相邻两山脊之间低凹而狭长的地方，其间多有涧溪流过。

陡崖是陡峭的山崖，近似于垂直的山坡，又称峭壁。

二、绘制岛礁平面图

制作岛礁模型，地图非常重要。但舟山群岛近1400个岛屿中，面积不足1 km^2的岛有1300多个，1 km^2以上的岛屿近60个，超过10 km^2的大岛不到20个。因此除了一些大岛外，在地图上所标注的岛屿都是极其小的，更不用说礁了。为了使岛礁模型的地形地貌比较接近实体，需要准备较为丰富的地图和航拍照片等，再根据这些资料绘制岛礁平面图。

本专题以制作浙江省舟山群岛中某小岛的模型为例进行介绍。

(一)选择岛屿

初次制作岛屿模型，可以选择一个地形起伏显著的小岛，如图1-9所示。

图1-9　某岛屿航拍照片

(二)绘制岛屿平面图

1. 材料和工具

材料和工具包括胶带、透明描图纸、1cm×1cm 的方格描图纸；复印机、计算机、底板、笔、尺、剪刀(图 1-10)。

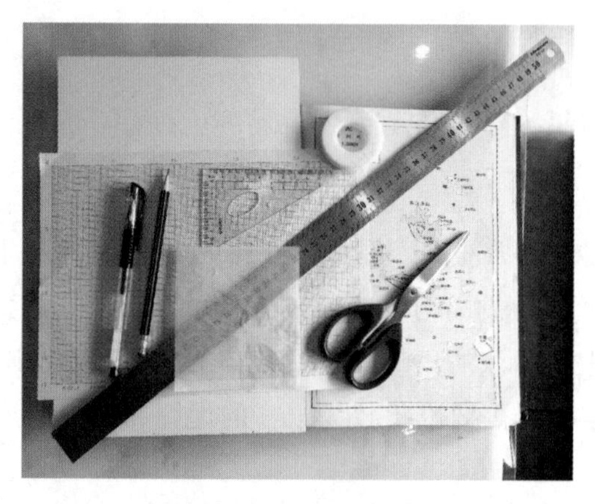

图 1-10　材料和工具

2. 方法和过程

(1)绘制岛礁平面图。用透明描图纸覆盖在图 1-9 上，并进行固定，以防在绘制过程中出现滑动。用彩笔按图中岛礁的轮廓进行描绘，得到岛礁的平面图。

(2)放大岛礁平面地图。先进行测量。测量绘制的平面图上岛礁的大小，即最长和最宽的长度数据，测得最长是 0.9 cm，最宽是 0.7 cm。并测量底板的长和宽，测得底板大小是 30 cm×20 cm。

(3)计算放大倍数。根据测量所得数据，计算地图在底板上放大合适的倍数。在“底板长度÷图上长度”“底板宽度÷图上宽度”所得的这两个整数值中，选取最小整数为地图在底板上的最大放大倍数。因为要留出边缘，因此合适的放大倍数应该小于其最大放大倍数，并参考比例尺来确定，如图 1-11 所示。

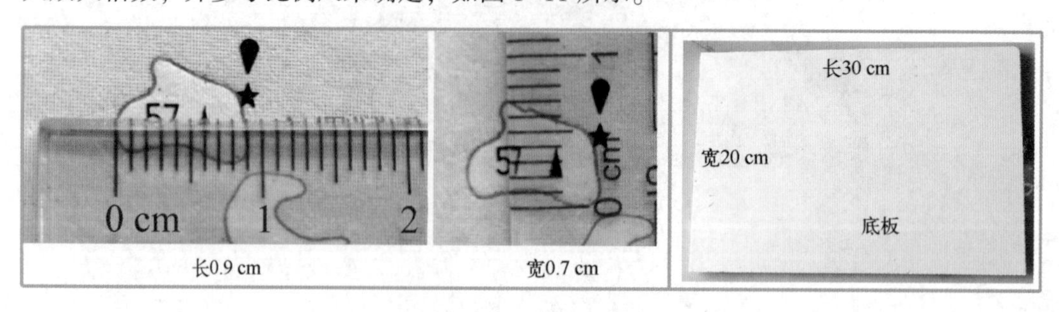

图 1-11　确定比例

计算举例如下

长：30÷0.9≈33.3　　取整数：33 宽：20÷0.7≈28.5　　取整数：28 地图在底板上放大倍数不得超过28倍。 合适的放大倍数可以选择放大20倍或25倍。

(4)放大平面图。综合各方面因素，选择放大倍数为20倍。普通复印机单次复印最大能放大4倍，因此需要对地图作多次复印，才能得到自己想要的放大倍数。现将本次岛礁平面图放大20倍的操作过程介绍如下。

①复印机上按“放大”按键，选择400%，如图1-12所示，将原地图直接放大4倍，如图1-13所示。

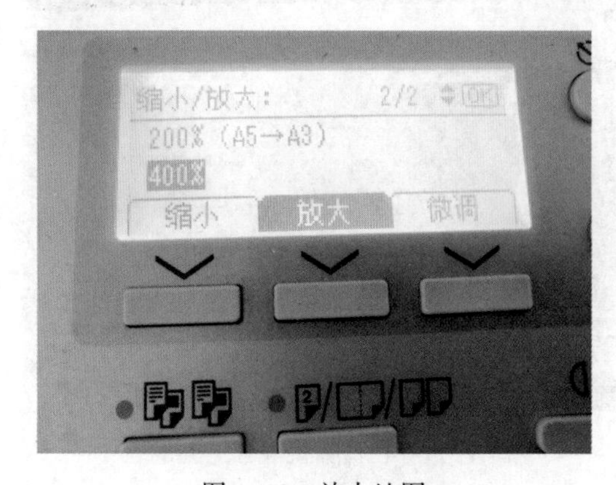

图1-12　放大地图

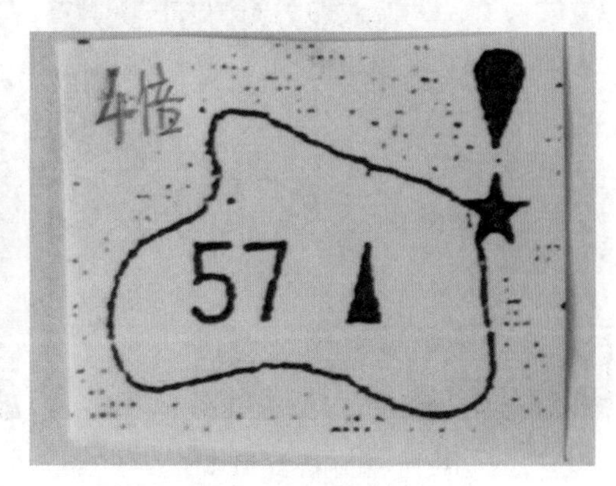

图1-13　放大效果

②重复①操作，此时实际放大的倍数为4×4=16倍。

③在复印机上按“微调”按键，输入“125”，如图1-14所示，使(2)所得地图再放大1.25倍，这样地图就放大了16×1.25=20倍(图1-15)。

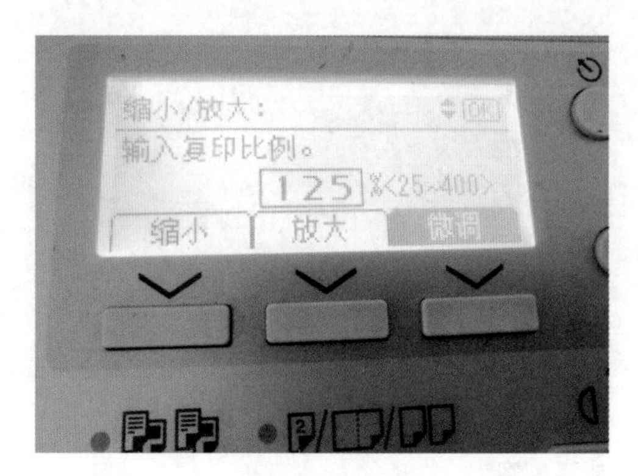

图1-14　微调

图1-15　最终结果

用航拍照片所绘制的岛屿地图精度不高，但在此过程中，可以对一些地图绘制方面的基本知识有所了解。

（三）用卫星地图绘制岛礁平面图

随着地图测绘技术的发展，依航拍照片绘制岛屿地图的方法已较少用到。本部分就简要介绍用卫星地图绘制岛礁平面图的方法。

先在地图软件上搜索要绘制的某个岛屿卫星地图，边放大边查看和测量比例尺，如图 1–16 所示，图上 2 cm 代表实际距离 50 m。

在计算机屏幕上覆盖并贴上透明描图纸，注意粘贴位置在边缘或背后，不要粘贴屏幕。再用柔软的笔，轻轻描出边沿轮廓，如图 1–17 所示。

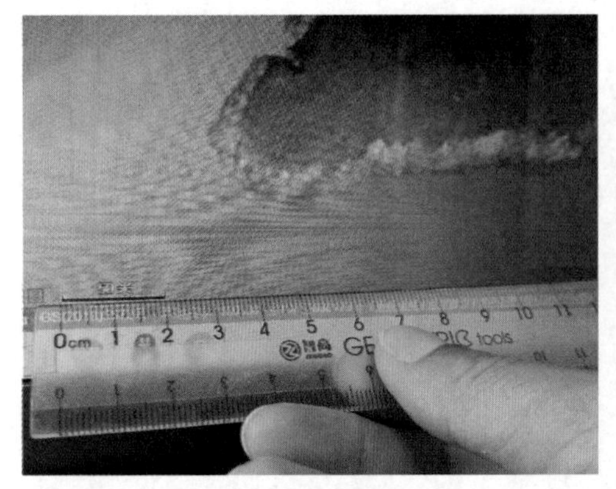

图 1–16　用尺子对比

图 1–17　在计算机屏幕上测量

最后，是对照进行修整，画上山峰位置。最后标注上比例尺。如果需要继续放大，可以按前文介绍的复印机放大的方法进行放大。利用这种方法得到的岛礁平面图更接近实际地形，如图 1–18 所示。

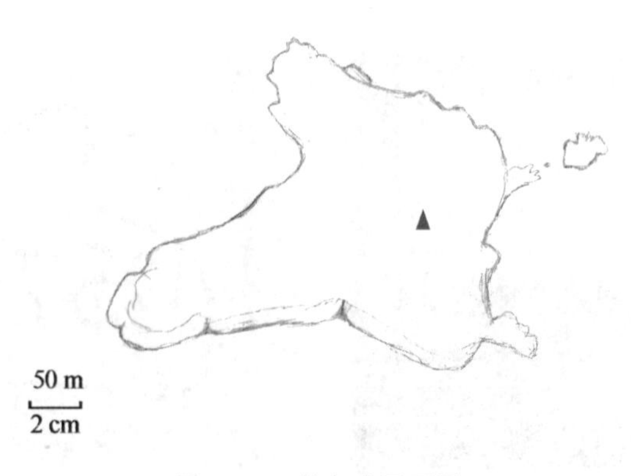

图 1–18　某岛礁平面图

三、定比例　立标杆

岛礁模型制作需要根据沙盘大小确定水平比例尺与垂直比例尺。在确定比例尺后，才能计算高程、立好标杆。

(一)材料和工具

材料和工具主要包括底板、蓝色即时贴、刮片、尺子、铅笔；放大的地图、卫星图、航拍照片、复写纸；橡皮泥、竹签、牙签、美工刀、垫板、剪刀(图 1-19)。

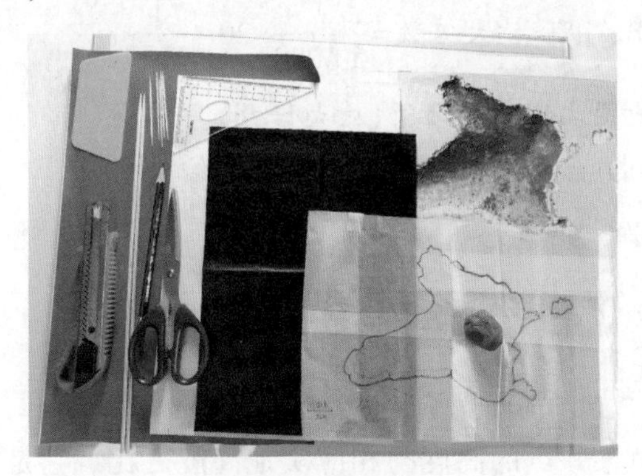

图 1-19　材料和工具

(二)比例尺

图上距离与实际距离的比值称为比例尺。比例尺通常有以下 3 种表示方法。数字式，即用数字的比例式或分数式表示比例尺的大小，如 1∶50 000、$\frac{1}{50\ 000}$；线段式，是指在地图上画一条线段，并注明地图上 1 cm 所代表的实际距离，如 0　500　1000　1500 m；文字式，在地图上用文字直接写出地图上 1 cm 代表实地距离多少米，如五万分之一。

前文互联网中卫星地图的水平比例尺属于线段式的比例尺。如图 1-20 所示，比例尺是

$$\frac{\text{图上距离}}{\text{实际距离}}=\frac{2\ \text{cm}}{5000\ \text{cm}}=\frac{1}{2500}$$

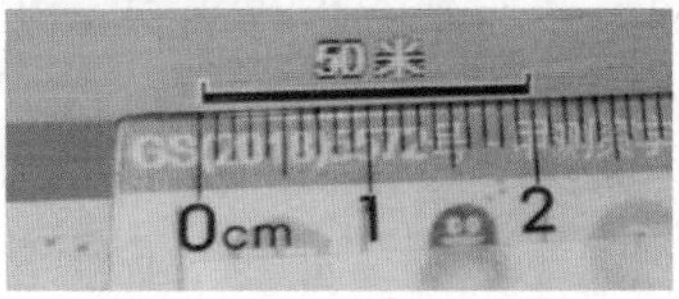

图 1-20　比例尺计算

1. 水平比例尺

水平比例尺，是沙盘两点间的水平距离与相应实地水平距离之比。

沙盘中水平比例尺的大小，以原来地图的比例尺为基础，结合放大倍数进行计算。计算方法是：原地图比例尺(分数式)×放大倍数；或1:(原地图比例尺分母项÷放大倍数)。

以岛礁平面地图放大20倍为例，计算过程如下。

原地图比例尺是：1:50 000，写成分数式是$\frac{1}{50\ 000}$，放大20倍。

方法1　原地图比例尺×放大倍数$=\frac{1}{50\ 000}\times 20=\frac{1}{2500}$

方法2　1:(原地图比例尺分母项÷放大倍数)

=1:(50000÷20)

=1:2500

2. 垂直比例尺

垂直比例尺是沙盘某一点的高度与相应实地高度之比。它是模型高度方向的比例尺，它的大小变化影响着地貌的形态。垂直比例尺太小，地貌的直观性就降低；若太大，地形变形就大，一般的丘陵也会变成陡峭的山峰，使地貌失真。

理论上，垂直比例尺与水平比例尺相同，地形模型才与实地一致。但对于低海拔且高差低的岛礁来说，垂直比例尺如果与水平比例尺相同，就无法表现出岛礁地势起伏的变化。为了形象地显示地貌的起伏状况，垂直比例尺根据地形类别，可以与水平比例尺一致或放大相应的倍数。

计算方法：垂直比例尺=水平比例尺×放大倍数

一般情况下，不同地形放大倍数也有差别。以山地为例，高山地(≥3500 m)不放大，或放大1倍；中山地(1000~3500 m)放大2倍；低山地(≤1000 m)放大3倍。平原地区可放大5倍；丘陵地区可放大4倍。

舟山地形多为丘陵，一般来说垂直比例尺是水平比例尺的3~5倍。

要确定合适的垂直比例尺，还要结合山峰高程。以该岛礁为例，水平比例尺是1:2500，则垂直比例尺计算如下。

如果选择扩大 3 倍，则垂直比例尺是$\frac{1}{2500}\times3=\frac{1}{833}$

如果选择扩大 5 倍，则垂直比例尺是$\frac{1}{2500}\times5=\frac{1}{500}$

可以在 1∶833~1∶500 选择整百数比例，如 1∶800，1∶700，1∶600，1∶500

(三)计算山峰高程

山峰高程即岛屿上山峰在地形模型制作中的高度。根据地图标明的山体海拔，依据垂直比例尺可以计算最高几座山峰的制作高度。因为岛礁的最低处就是海平面，因此计算方法是

模型山峰高度=垂直比例尺×实际山峰高程

因为底板面积有限，因此要注意丘陵地带的山峰高程尽量不要超过 10 cm。如果超过，则需要调整垂直比例尺。比如

该岛最高山峰海拔是 57 m，即 5700 cm，如选垂直比例尺：

1∶800，高度=$\frac{1}{800}\times5700=7.1$ cm，合适；

1∶700，高度=$\frac{1}{700}\times5700=8.1$ cm，合适；

1∶600，高度=$\frac{1}{600}\times5700=9.5$ cm，不超过 10 cm，但呈陡崖状，不合适；

1∶500，高度=$\frac{1}{500}\times5700=11.4$ cm，超过 10 cm，不合适。

在本次的岛屿模型制作中，选择垂直比例尺是 1∶800。

(四)设置沙盘

设置模型底板为横向，与实地一致。底板贴上蓝色即时贴，表示海面背景。

剪取大于底板面积的即时贴，先贴一侧，用刮片平稳地刮，避免形成气泡(图 1-21)；再翻到背面裁掉多余部分(图 1-22)。

图 1-21　刮平

图 1-22　剪裁

(五)描地形

利用复写纸，将放大的地图描在底板上(图 1-23)。

对照卫星图和航拍照片，细致描绘地图轮廓，并标注山峰和高程、鞍部、倾斜转换点等起伏明显的位置(图 1-24)。

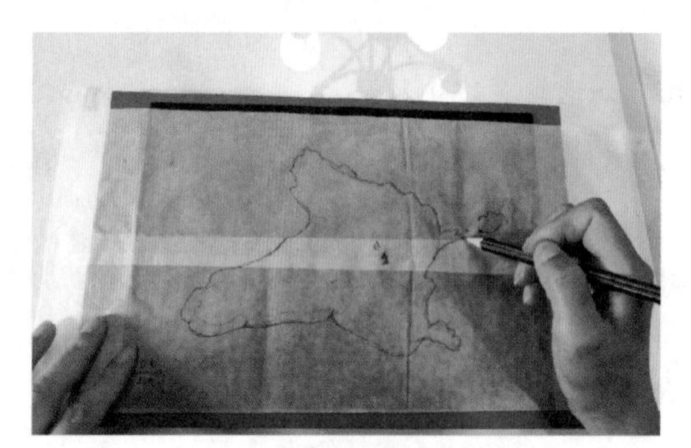
图 1-23　描制放大地图

图 1-24　描绘轮廓

(六)立标杆

标杆是标有高度记号的竹签或牙签。将计算好的山顶、鞍部、山脚、倾斜转换点和海岸弯曲部等起伏明显点，分别插上标杆，用橡皮泥固定(图 1-25)。

标杆的高度，为该点在沙盘上的高度加上海面高度。

制作海面的材料不同，制作高度也不同。如果用水纹片，高度不超过 1 mm；如果用水景膏，高度一般为 2 mm 左右。因此在本次制作中，海面高度可以基本忽略。该岛最高峰 57 m，选用垂直比例尺 1∶800，采用水景膏制作，高度取 7. 1 cm，竹签高也是 7. 1 cm。

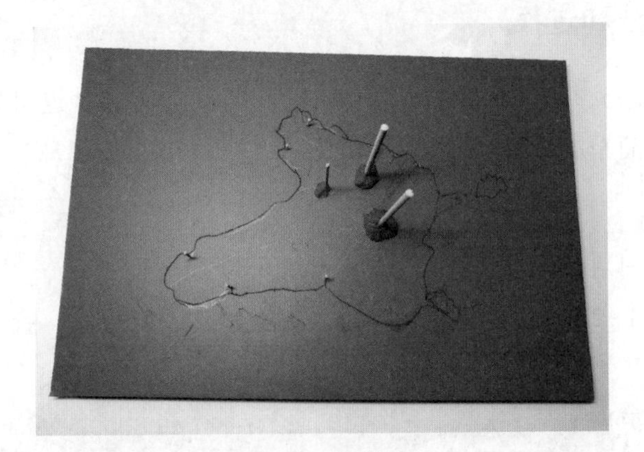

图 1-25　立标杆

海岸线上的标杆，主要插在海岸弯曲的位置。

四、堆积地貌及地貌普染

堆积地貌是指在模型制作中，用一定的材料堆积出岛礁山体地貌。在堆积过程中，山体要突出山脊、鞍部等，尽量与实际地貌相似。地貌普染则是对已经形成的堆积地貌进行染色，涂上与地表相符的颜色，以体现适应当地地形、气候条件的自然风光。

(一) 所需材料和工具

堆积地貌所需材料和工具包括白乳胶、旧报纸或卫生纸、水、树皮、小石子；塑料桶或其他容器、搅拌棒、塑形刀、镊子；航拍照片、卫星地图(图 1-26)。

图 1-26　材料和工具

(二)堆积方法和过程

堆积地貌的方法有很多种，可以用泡沫进行切割与拼装，也可以用黏土堆积。这里所用的方法是最简单的纸胶堆积法。

1. 调制纸胶

纸胶是用纸与白乳胶混合搅拌制成的。纸可以选用旧报纸、卫生纸或餐巾纸等。纸胶调制过程如图 1-27 所示，先将纸撕碎，加少量水刚好浸湿、搅拌，再加白乳胶搅拌成浓稠状。

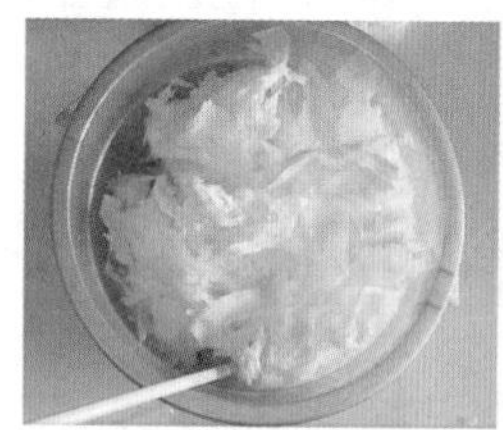
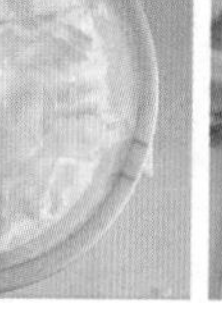
(a)纸撕碎

(b)加水浸湿、搅拌

(c)加乳胶

(d)搅拌均匀

图 1-27　调制纸胶

调制纸胶是很关键的一步，调制时要注意以下 4 点：一是纸要尽量撕得细碎，便于搅拌均匀、搭建造型；二是控制水量，水量过多会导致造型不易干燥，且易发生霉变的现象；三是纸胶调制的浓度要稀稠适当，要使纸胶能团成团；四是地貌堆积耗时较长，每次调制纸胶的量不可过多。若纸胶有剩余，可加少量水，并盖上桶盖或保鲜膜，防止纸胶失水。

2. 堆积要点

堆积地貌可以整理为 3 句要点：先堆山顶再山脊，鞍部宽窄把握住；从上到下塑山谷，形状走向控制好；时时对照地形图，细致检查再修整。

先堆好山顶的最高位(图 1-28)，再堆出山脊、鞍部、山谷等骨干(图 1-29)。

图 1-28　制作山顶最高位

图 1-29　制作山脊、鞍部、山谷等

对照航拍照片、卫星图，进行修整(图 1-30)。完成的山体形状应接近实际形状(图 1-31)。

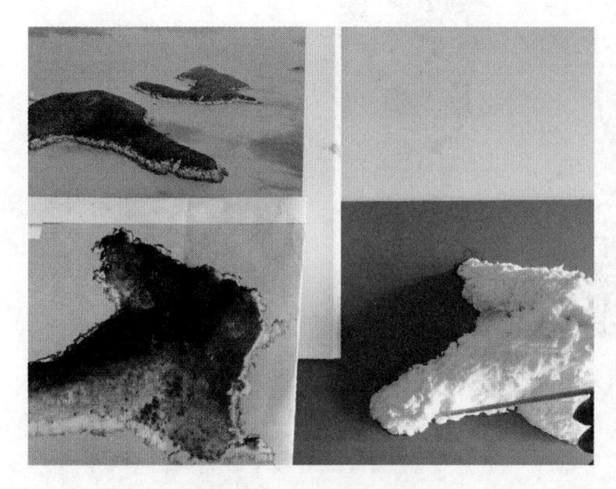

图 1-30　对照、修整

图 1-31　完成的山体形状

沿岸裸露的岩石和海面礁石棱角明显，可以用小石子、树皮堆砌出形态(图 1-32、图 1-33)。

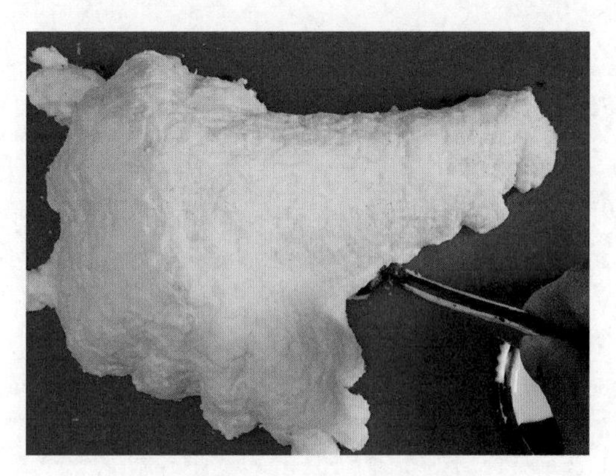

图 1-32　堆砌石子

图 1-33　堆砌石子形成“礁石”

堆积地貌时，应随时对照地形图，以正确反映地貌的起伏状况。如沙盘较大，可分片堆积。先堆积难度较大处，后堆积较简单处。

3. 检查和修整

堆积完毕，应进行全面检查和修整。检查要素包括：位置(如山顶、山脚)；高度(如山顶、山谷、鞍部)；宽度(如山脊、山谷、鞍部)；形状(如山顶、山谷、海岸边沿)；走向(如山脊、山谷)；陡缓(如山脊)。

修整成形后，要放置在阴凉通风处干燥。完成堆积的模型地貌如图 1-34 所示。

图 1-34　堆积完成的模型

(三)地貌普染所需材料和工具

地貌普染所需材料和工具包括模型水性颜料、造景泥、水；调色盘、水粉笔、棉签。其中，水性颜料主要有泥黄、沙土和卡其色(图 1-35)；造景泥颜色有深灰、浅沙黄和棕泥色(图 1-36)。

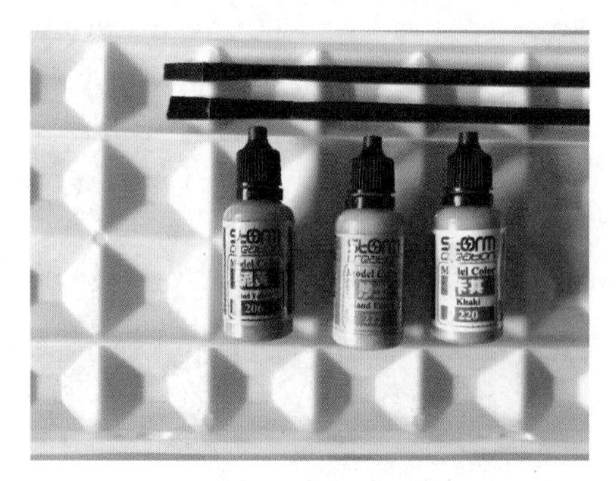

图 1-35　造景泥原料

图 1-36　材料和工具

水性颜料环保而且色彩亮丽自然，附着力强，只需用水稍加稀释即可。这种颜料快干、耐水且不掉色，甚至可用吹风机辅助吹干。

造景泥在常温状态下，40 min 左右表面即可硬化，也可用吹风机辅助吹干；干后附着力很强，且非常坚固不易损坏。但干后的造影泥由于氧化，颜色会变淡，所以调色时，颜色可稍微调深些。

(四)普染方法和过程

染色顺序一般是由高向低、由里向外。

先用沙土色的水性颜料加少量水稀释后涂在山体上(图 1-37)。

本次模型制作的染色重点是与海面相接的裸露的岩层及海上礁石。根据图 1-38，岩层颜色主要有两层：上层与植被相接部分为淡棕红色，下层被海水打湿的部分为深棕红色。染色过程不是一次完成的，而是分几次操作，这样颜色更为自然。

图 1-37　涂沙土色颜料

图 1-38　进一步涂色

(1)用水性沙土色颜料涂岩层上部。

(2)用沙土色、卡其色(少量)、泥黄色(少量)水性颜料搅拌均匀，涂岩层下部。

(3)待岩层下部颜料干后，用浅沙黄、少量棕泥色造景泥与少量水搅拌均匀，涂岩层上部。礁石上部应涂出条纹感(图 1-39)。

(4)用棕泥色造景泥加少量水搅拌均匀后，给岩层下部上色(图 1-40)。

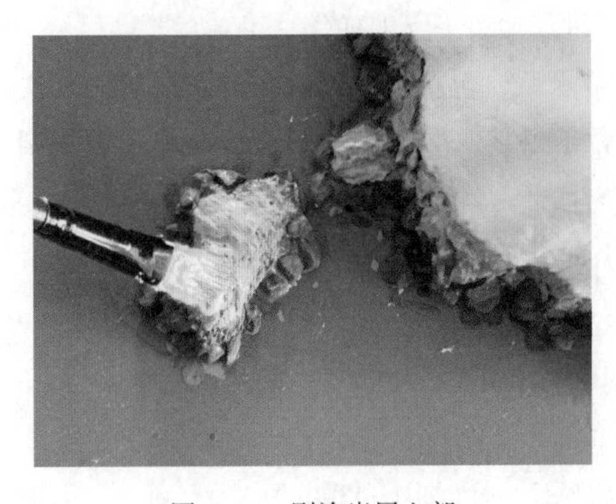

图 1-39　刷涂岩层上部

图 1-40　刷涂岩层下部

(5)用深灰色造景泥加少量水搅拌均匀后，用棉签尖头或竹签尖挑涂岩缝(图 1-41)。

(6)待干燥后，如果发现岩层颜色略淡，或不够自然，可以重复上述第(3)~(5)步。完成普染的岛礁地貌如图 1-42 所示。

图 1-41　刷涂深灰色形成岩缝

图 1-42　完成普染的地貌模型

制作中要注意纸胶的调制是非常关键的，特别要注意控制水量，加胶后要能成团；堆积地貌时，一定要对照卫星地图、航拍照片进行，使其与实际地形接近。此外，普染时要等上一次颜料干后，再进行上色。

五、设置地物——海水

地物设置包括水系、居民地、道路、植被、其他独立地物等。在岛礁模型中，水系主要是海水，其他独立地物主要有灯塔或灯桩、输电塔、船舶等。

在岛礁模型中，地物设置的顺序一般先是水系，包括海水、水产养殖区等；其次是居民地和道路，接着是灯桩或输电塔，然后是植被；最后是船等其他地物。根据制作方法，顺序可以适当调整。

设置地物要求位置准确，形象自然，大小合适。

(一)材料和工具

1. 方法一材料和工具

水纹片，复写纸、放大的图纸，剪刀、美工刀、笔(图 1-43)。

2. 方法二材料和工具

水景膏、调色盘、平头的水粉笔、塑型刀。水景膏颜色为高透明、半透明、深蓝海洋和浪花白 4 种(图 1-44)。

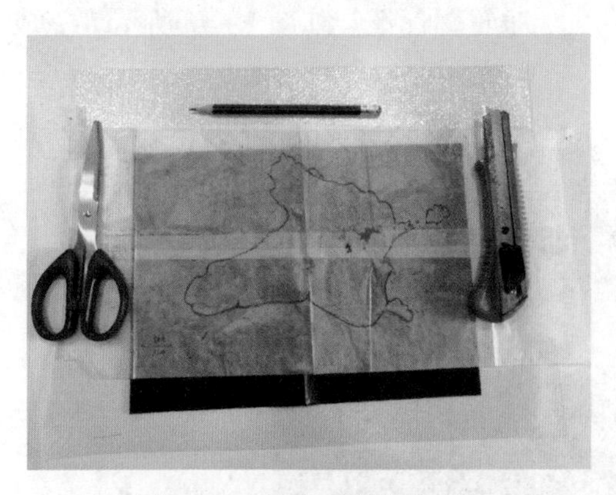

图 1-43　方法一材料和工具

图 1-44　方法二材料和工具

水景膏在常温下 40 min 左右表面可凝固，一天左右可彻底干燥。也可用吹风机辅助吹干。

使用水景膏应注意以下几点：①使用前，要清理干净表面，尽量不要有粉尘；②先涂上薄薄一层，一层一般 2~3 mm，干燥后再涂上一层，要少量多次，直到所需高度；③千万不要一次涂太厚，否则干燥后表面易开裂，还会影响凝固时间；④水景膏适用于微有波浪的海面，不适合制作平静无波的水面。

(二) 制作海水的方法和过程

1. 方法一：利用水纹片呈现海水波浪效果

(1) 在水纹片上印出放大后的岛礁的图(图 1-45)。再用剪刀挖空地图。

(2) 将水纹片套到岛礁模型上，如果不能完全嵌入，可先用易于清洗的颜料勾勒出不能嵌入部分的轮廓(图 1-46)。再用剪刀剪去多余部分，直到能完全嵌入模型。

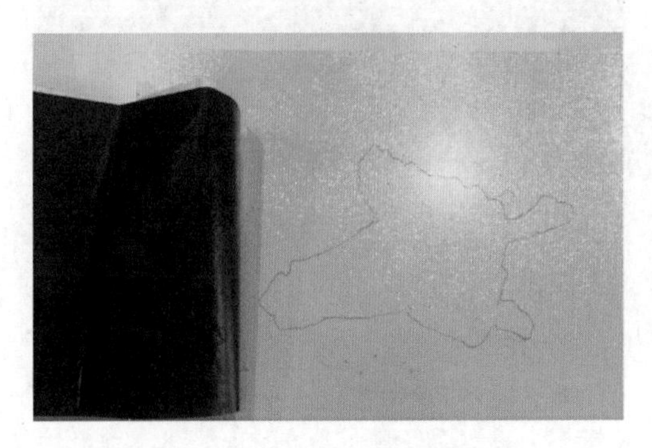

图 1-45　在水纹片上印出岛形

图 1-46　调整底形

（3）剪去边角，与底盘大小相同，同时清洗干净轮廓标记。如图 1-47 所示为完成后的海水效果。

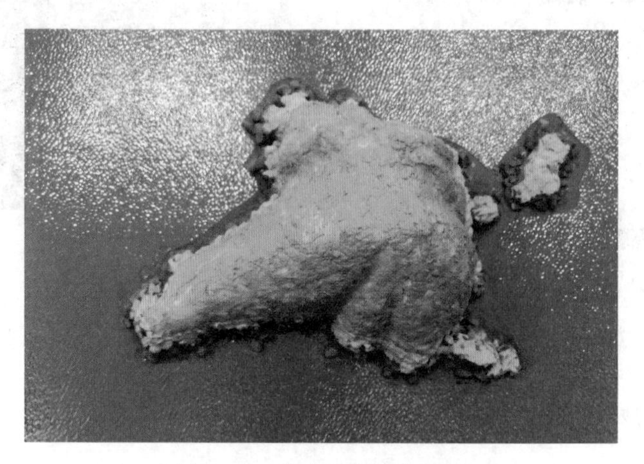

图 1-47　完成后的海水效果

2. 方法二：用水景膏制作海水效果

（1）因背景为蓝色，可以先用高透明水景膏涂满整个海面，涂时用大的塑型刀平刮一层，厚度约为 2 mm（图 1-48）。

（2）用圆头塑型刀刀头，以挑的方式挑出纹理（图 1-49）。

图 1-48　用水景膏制作海面

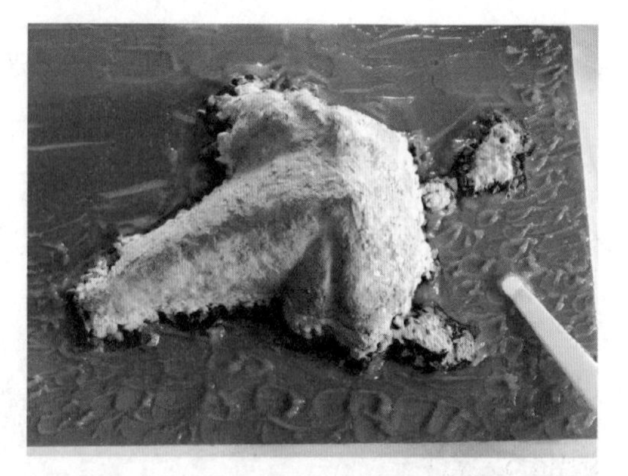

图 1-49　制作海波

（3）用较大的平头水粉笔，以笔头竖直斜上挑的方式，表现海浪的效果（图 1-50）。图 1-51 为第一层海水的效果。

一个逼真的水面效果，需要不同颜色的水景膏进行多次叠加，这样表现出来的海水层次才会更丰富，颜色效果才会更真实。

（4）待第一层干后，用半透明与深蓝海洋两种水景膏调制，在需要深色的海面区域重复第(2)、第(3)步的方法，挑出深色的海面，形成第二层(图 1-52)。

(5)待第二层干后，再用半透明水景膏在海浪区域上涂上一层，形成第三层。

(6)待第三层干后，使用浪花白水景膏，用棉签、竹签等较细小的物体挑出白色的“浪花”。可先在山体轮廓的岩层上挑出浪花(图 1-53)。

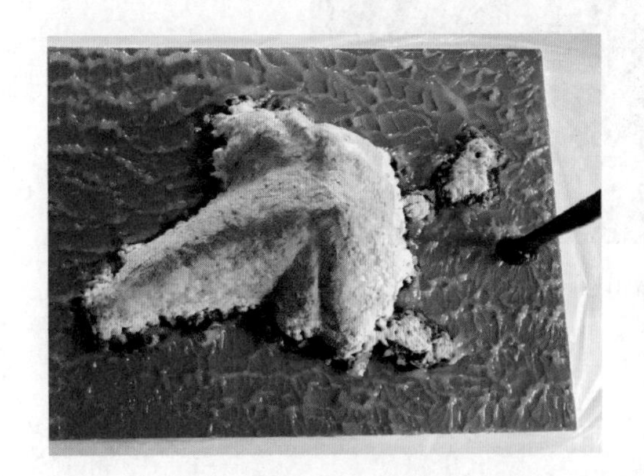

图 1-50　制作海浪

图 1-51　第一层海水

图 1-52　制作第二层海水

图 1-53　制作浪花

(7)预留船的位置，等船放好后，在船周边再挑出浪花的形态。艉部浪花最多，并会绵延很长的距离。船两侧越接近艉部的地方浪花越多，船头基本无浪花(图 1-54)。

海水设置中，相比水纹片，用水景膏能营造出深浅不同的蓝色、有层次感的波浪，使海水更为逼真。用水景膏时要注意，一定要等前一层干后再涂第二层，否则，会造成画面脏乱、视觉效果差。

对于新手来说，要想营造出波光粼粼的水面的效果，可以先铺上水纹片，将水景膏涂在水纹片上，这样效果会更明显。

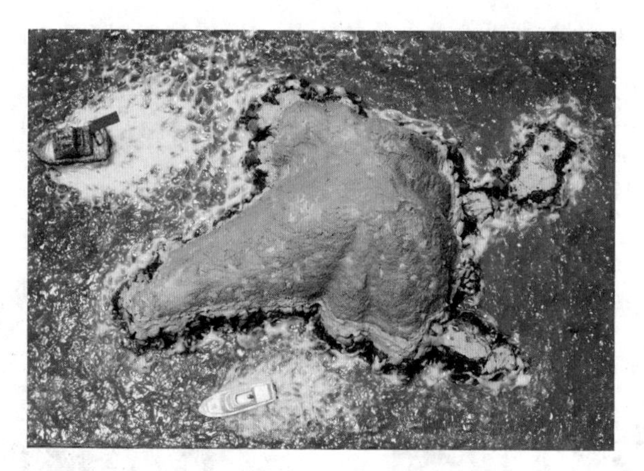

图 1-54　制作船尾浪花

六、设置地物——船

船是岛礁模型不可或缺的地物，因为它能使模型看上去更加生动。船体的大小与岛礁要相配，不可过大。在模型商店里也能买到船舶、游艇模型，但要大小合适。要想船型丰富，最好根据船的图片自己动手制作。

(一)材料和工具

所需的材料和工具包括高密度泡沫板、牙签、红色即时贴(背胶纸)；水性颜料(蓝色、绿色、红色、金属白、金属银)；高透明水景膏；打磨器、剪刀、美工刀、镊子、笔、尺(图 1-55)。

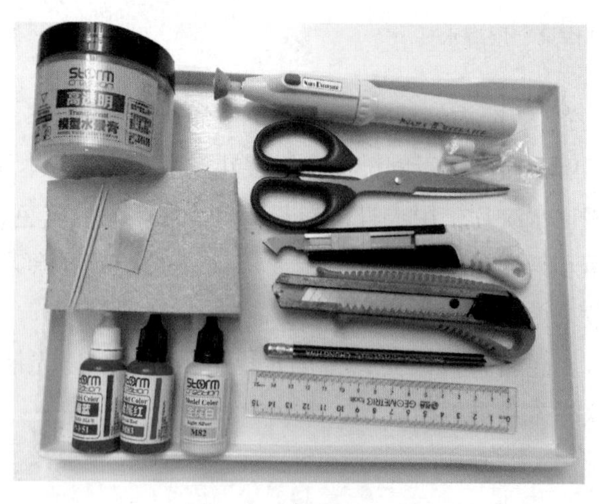

图 1-55　材料和工具

(二)船体制作方法和过程

1. 船体设计

(1)在高密度泡沫板上截取长、宽、高分别为 5 cm、2 cm、1. 5 cm 的长方体，在表面画出船体的轮廓。轮廓除了船头、船尾外，两侧是船舷，中间的长方形表示集装箱(图 1-56)。

(2)在侧面画两条线，上面线条代表集装箱露出的高度，下面线条是船的下部(图 1-57)。

图 1-56　在正面绘制线条

图 1-57　在侧面绘制线条

2. 船体制作

(1)沿边线分别切去船头和船尾的多余部分，使外形呈梭形(图 1-58)。

(2)沿侧面边线切出船头和船尾高度(图 1-59)；再切出船舷的高度，露出集装箱的高度(图 1-60)。

图 1-58　切出雏形

图 1-59　切出船头和船尾高度

(3)沿侧面第二条线斜向下切割船下部(图 1-61)，使船体下部小、上部大(图 1-62)。

(4)将船头和船尾部分沿内部线条切割 5 mm 以内的深度(图 1-63)，再挖空。

图 1-60　露出集装箱高度

图 1-61　切出船下部

图 1-62　整个船体的雏形

图 1-63　挖出船头凹槽

(5)用打磨器将船体各部分打磨光滑(图 1-64)。

(6)如果集装箱高度不够，可以在上面粘贴泡沫长条(图 1-65)。

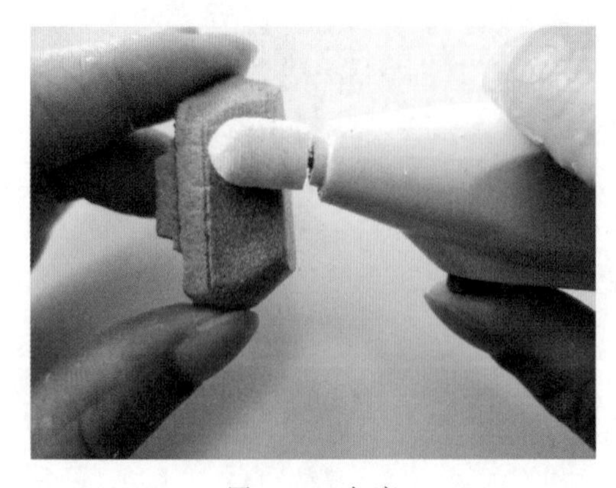

图 1-64　打磨

图 1-65　完成

3. 船体涂色

(1)依据实物照片，用水性颜料将船体、集装箱分别涂上颜色(图1-66)。

(2)也可以将购买的一些白色小船模，在表面涂上金属色，使其颜色更丰富，更接近实际效果(图1-67)。

图1-66　上色

图1-67　船模上色

4. 旗子的制作和悬挂

一般船上会悬挂旗帜，多为彩旗或国旗，可以利用牙签、背胶纸和布来制作。牙签用于制作旗杆，可以涂上银色、蓝色的条纹。旗的长宽比一般是3:2。

国旗的悬挂是非常有讲究的。中华人民共和国交通运输部颁布《船舶升挂国旗管理办法》有如下规定。

第四条　依照中华人民共和国有关船舶登记法规办理船舶登记，取得中华人民共和国国籍的船舶，方可将中国国旗作为船旗国国旗悬挂。

第五条　除本办法第八条规定的情况外，下列中国籍船舶应当每日悬挂中国国旗：

(一)50总吨及以上的船舶；

(二)航行在中国领水以外水域和香港、澳门地区的船舶；

(三)公务船舶。

第六条　进入中华人民共和国内水、港口、锚地的外国籍船舶，应当每日悬挂中国国旗。

第八条　船舶悬挂中国国旗应当早晨升起，傍晚降下。但遇有恶劣天气时，可以不升挂中国国旗。

第十条　中国籍船舶应将中国国旗悬挂于船尾旗杆上。船尾没有旗杆的，应悬挂于驾驶室信号杆顶部或右横桁。

外国籍船舶悬挂中国国旗，应悬挂于前桅或驾驶室信号杆顶部或右横桁。

中国国旗与其他旗帜同时悬挂于驾驶室信号杆右横桁时，中国国旗应悬挂于最外侧。

因此，可以将旗帜放在船尾的位置，如图 1-68 所示。

图 1-68　船旗

（三）船体安放

将船体放在海面上合适的位置，底部配以高透明或浪花白水景膏粘在海面上；放置好后，再用浪花白水景膏挑出船周边的浪花。如图 1-69 所示是船及海浪的样子。

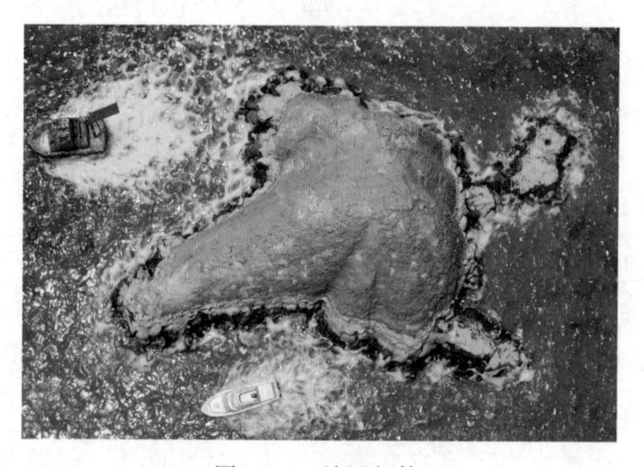

图 1-69　放置船体

船体制作中，要注意美工刀使用的安全。船体大小与整体画面比例要协调。

七、设置地物——灯桩

很多岛礁上都有灯桩或灯塔。本次岛礁模型需要制作灯桩，灯桩的制作包括模型制作和电路连接。

(一)材料和工具

1. 模型制作材料

所需材料和工具包括 PVC 板(厚 5 mm)、牙签、伸缩式饮料吸管、水性颜料(金属白、金属红)；高透明水景膏；圆规、尺子、铅笔、图钉、锥子、美工刀、打磨器、垫板、泡沫板(图 1-70)。

2. 电路连接材料

电路连接材料包括带线 LED 发光二极管，纽扣电池和电池盒、黑胶带(图 1-71)。

图 1-70　材料和工具

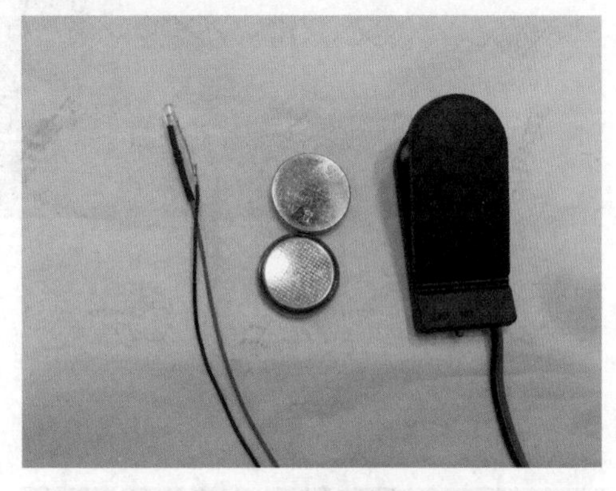

图 1-71　电路连接材料

(二)制作方法和过程

1. 模型制作过程

(1)圆面加工。用圆规在 PVC 板上画两个同心圆，圆的直径分别为 15 mm 和 12 mm。将圆 8 等分，在内层圆上进行标记。用美工刀或剪刀剪下圆面(图 1-72)。用打磨器打磨边缘，使圆的边缘光滑平整(图 1-73)。圆心处先用图钉和锥子钻孔，再用打磨器钻出大孔(图 1-74)。

图 1-72　8 等分小圆片

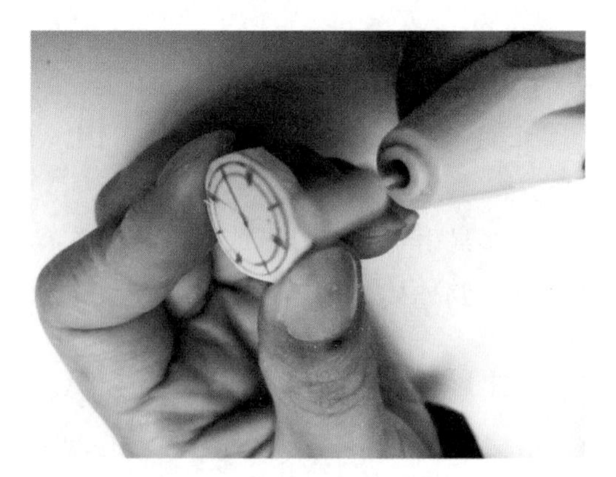
图 1-73　打磨光滑边缘

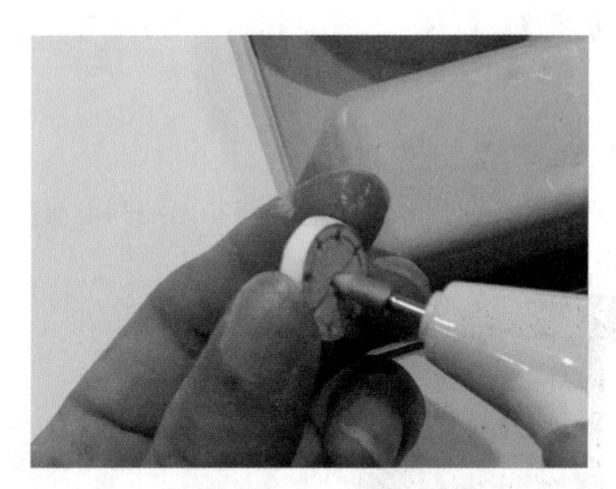
图 1-74　钻孔

(2) 支架加工。将伸缩式饮料吸管拉到最长，取中间(连伸缩口)4 cm 长度剪下(图 1-75)。将吸管小口的一端捏扁，剪成三角形(图 1-76)。

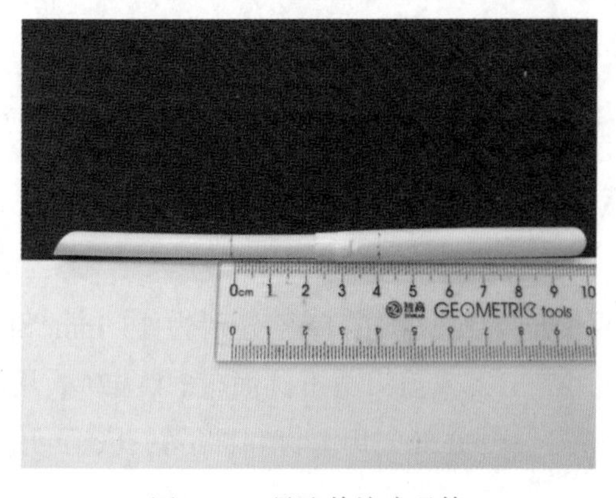

图 1-75　量取伸缩式吸管

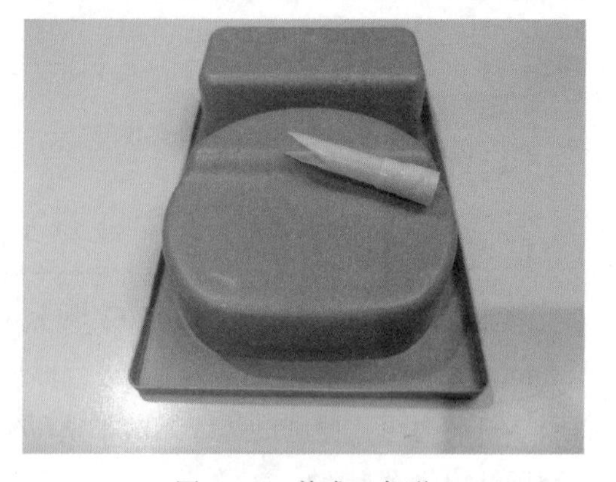
图 1-76　剪成三角形

(3)竹签加工。在竹签一端 1 cm 处进行标记，用打磨器(砂轮)的圆边角将粗的部分磨细(图 1-77)。再用砂轮的圆面将 1 cm 长度内的竹签磨得光滑圆润(图 1-78)。将打磨好的竹签 1 cm 内涂上水性颜料金属白，使牙签发出金属的光泽(图 1-79)。待干燥后，在 2 mm 和 7 mm 处做上标记。用美工刀在 7 mm 处切割下来(图 1-80)，需要 8 段。2 mm 是插入圆面的部分。

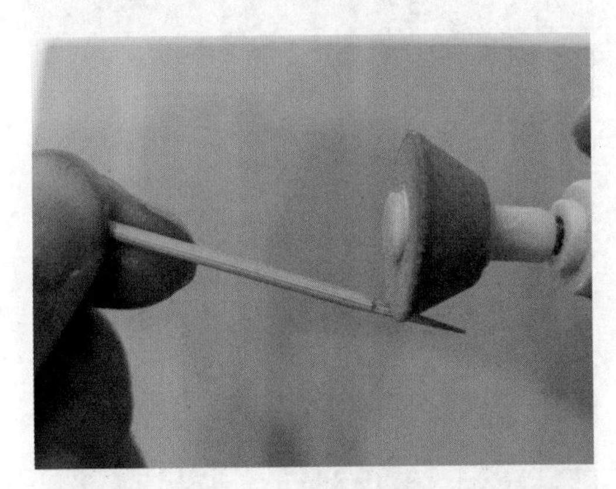

图 1-77　打磨牙签

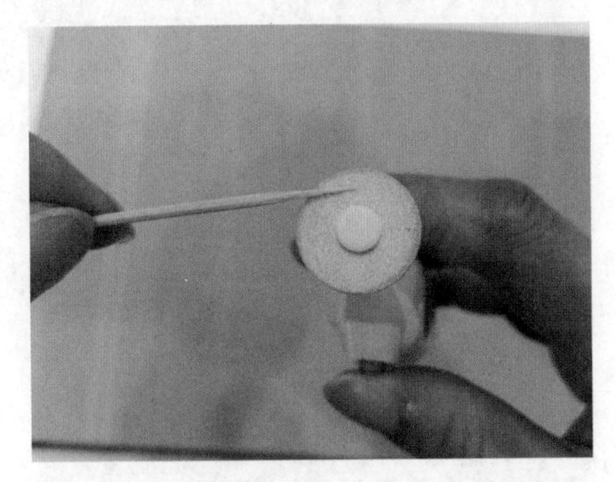

图 1-78　磨尖牙签

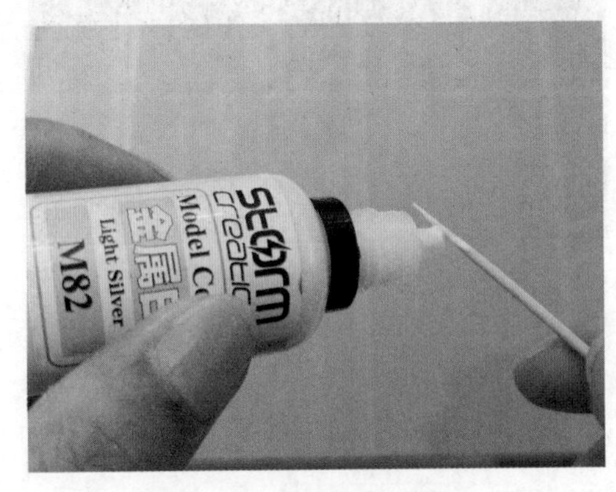

图 1-79　涂金属色颜料

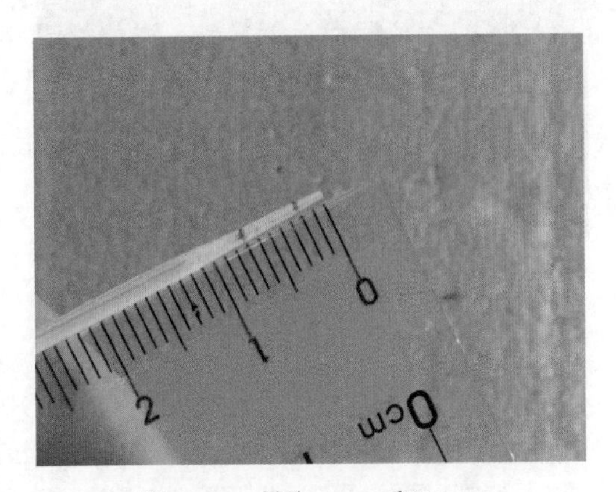

图 1-80　量取 2 mm 和 7 mm

(4)组装粘合。将吸管支架三角处插入圆面中心孔，注意不要倾斜(图 1-81)。在圆面上 8 分点处分别插入 8 段 7 mm 长的竹签，注意插入部分为 2 mm，伸出部分为 5 mm(图 1-82)。用高透明水景膏将竹签之间的空隙填满，进行连接(图 1-83)。待干燥后，若发现连接的水景膏塌缩可再次用水景膏进行补粘，使其形成一个圆形的透明圈，以产生玻璃的质感。最终效果如图 1-84 所示。

图 1-81　吸管支架插入圆面中心孔

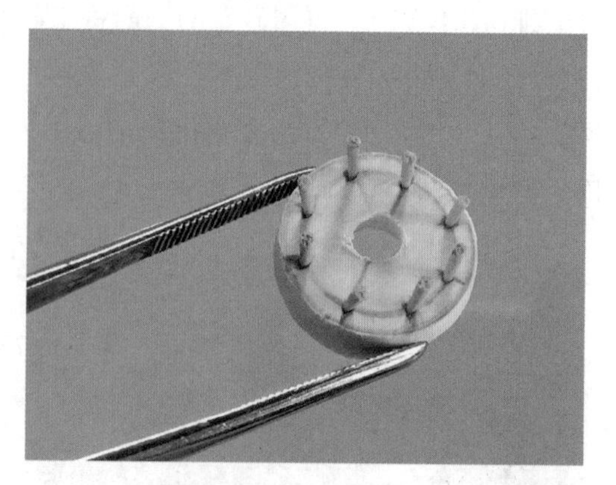

图 1-82　插入牙签尖端

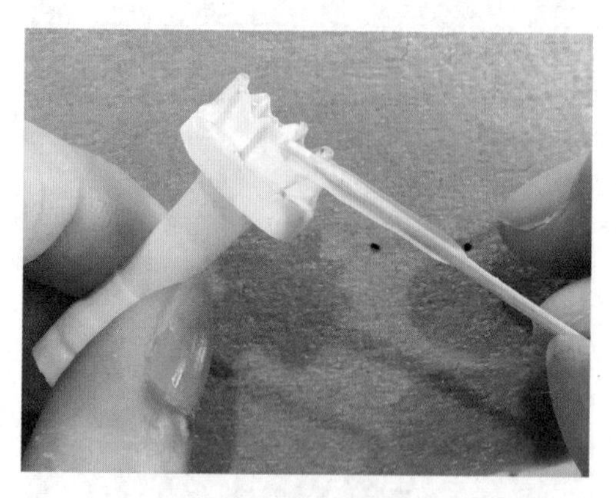

图 1-83　用水景膏连接

图 1-84　干燥后效果

2. 电路连接过程

(1)钻孔：在安放灯桩的位置钻孔，一直钻到底部打穿。孔的大小，以使导线穿过即可。钻孔时可借助电钻，省时省力，但要注意安全(图 1-85)。

(2)测试电路：将发光二极管与新电池连接，测试灯是否亮(图 1-86)。要确保发光二极管可以正常发光。连接中要注意发光二极管具有单向导电性。

(3)安放：将发光二极管的导线穿过灯桩模型中的吸管底座，并穿过小孔(图 1-87)。

(4)固定：用透明水景膏将灯桩底座与岛礁位置固定。同时，将电池盒放在合适的位置，在底部涂上水景膏，固定在模型底盘上(图 1-88)。

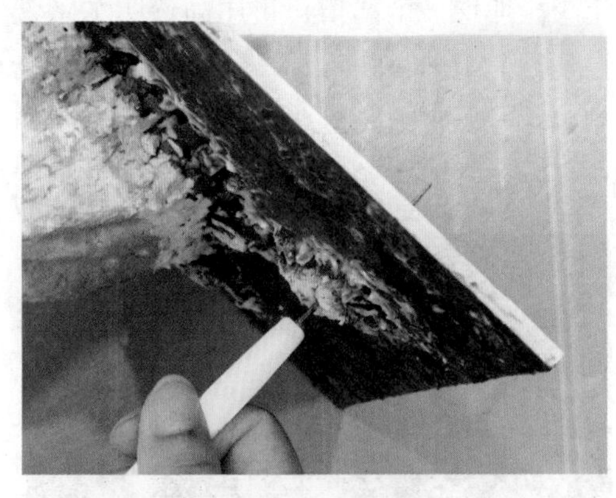

图 1-85　钻孔

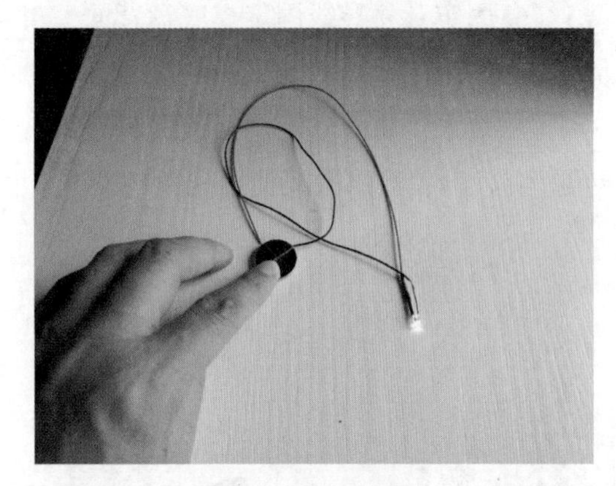

图 1-86　测试电路

图 1-87　连接

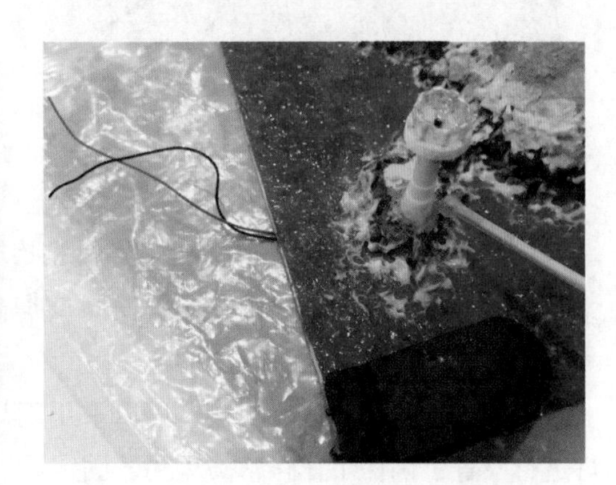

图 1-88　固定

(5)连接：在电池盒上安装上纽扣电池，注意正负极。将电池盒导线与发光二极管的导线进行连接。将导线连接处用黑胶带固定，也可以用电烙铁焊锡的方法焊住(图1-89)。

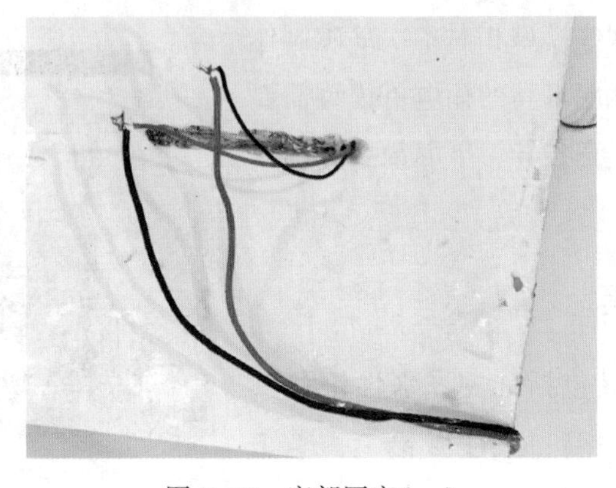

图 1-89　底部固定(一)

(6)固定：将导线固定在底盘背面，可事先浅浅地挖一个凹槽，再用高透明水景膏固定。在底部四角粘 PVC 方块进行垫高，应注意平整(图 1-90)。

(7)效果：打开电池盒开关，灯桩发光(图 1-91)。如设计该岛礁灯桩中灯质的颜色是闪白 6 s，可以购买使用闪白的发光二极管。

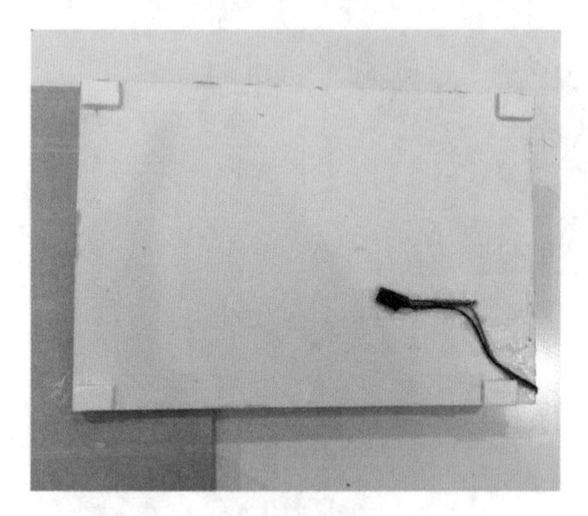

图 1-90　底部固定(二)

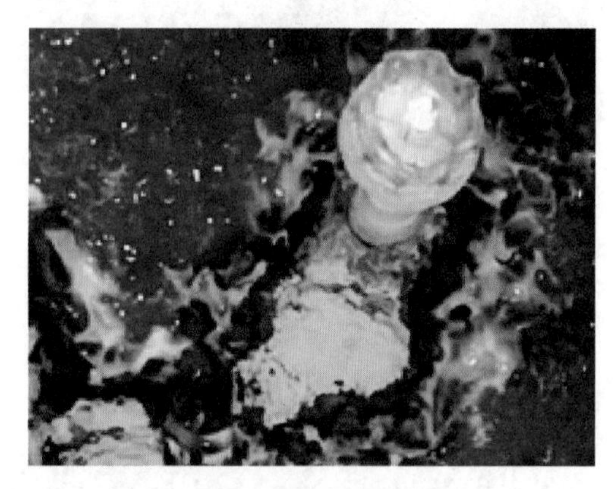

图 1-91　测试电路

在制作灯桩模型时要注意，水景膏粘连时容易塌缩。可以先抹最底下的一层，等干后，在第一层基础上抹第二层，使其增加高度。反复几次，直至透明水景膏高度与牙签持平，干后可形成玻璃质感。

为使灯桩效果更接近现实，可以采用闪灯 LED。在安装电路前，同样需要对 LED 灯进行检查，确保工作正常。因为若固定后出现问题，更换起来会很麻烦。

八、设置地物——输电塔

有的小岛上会有输电塔。这些输电塔都是框架结构。所以，输电塔模型在一些模型店里可以购得，但这些模型相对本次岛礁制作都显得过大。因此，几厘米高的输电塔模型需要自己制作。输电塔的形态各异，下面简要介绍输电塔制作的一种方法。

(一)材料和工具

所需的材料和工具包括牙签、水性银色颜料、棉签、高透明水景膏；尺子、铅笔、美工刀、打磨器、垫板、泡沫板(图 1-92)。

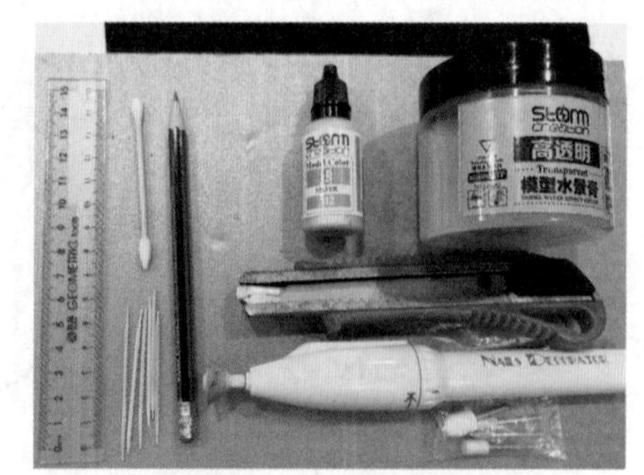

图 1-92　材料和工具

(二)制作方法和过程

1. 主支架的制作

(1)取 4 根牙签，每根截取 4 cm(图 1-93)，在顶部末端斜切(50°~60°)(图 1-94)。

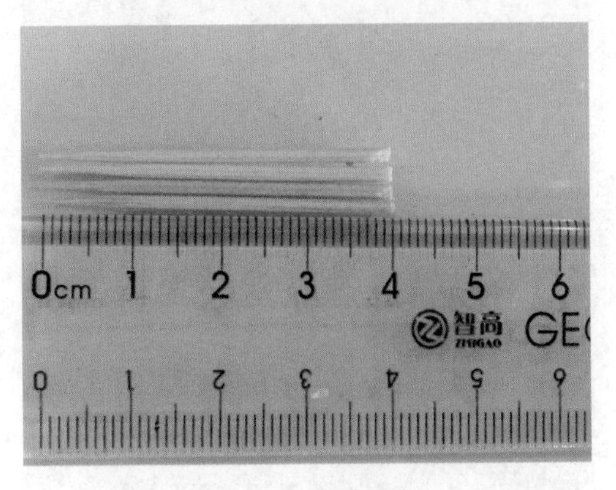

图 1-93　截取牙签

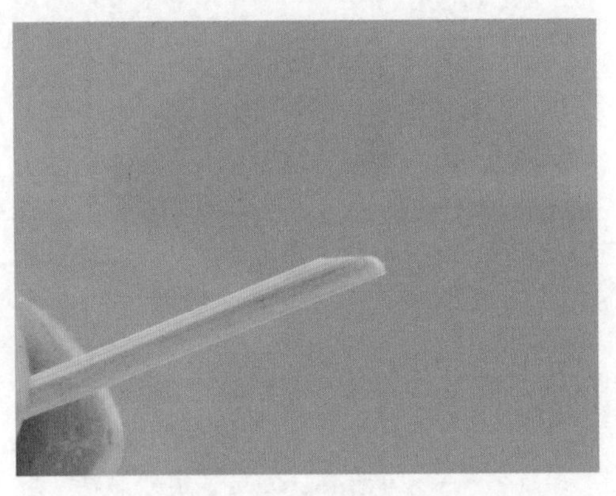

图 1-94　斜切

(2)用高透明水景膏将上述牙签两两顶部粘合，底部分开的距离要相同，都是 6 mm(图1-95)。待干燥后，在牙签上每隔 5 mm 做一标记(图 1-96)。

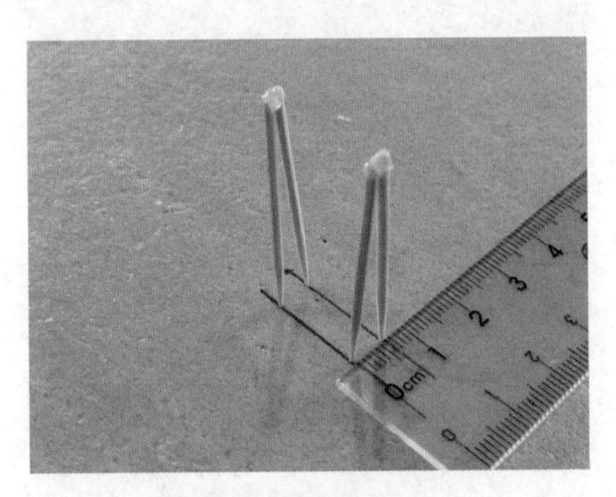

图 1-95　尖角距离 6 mm

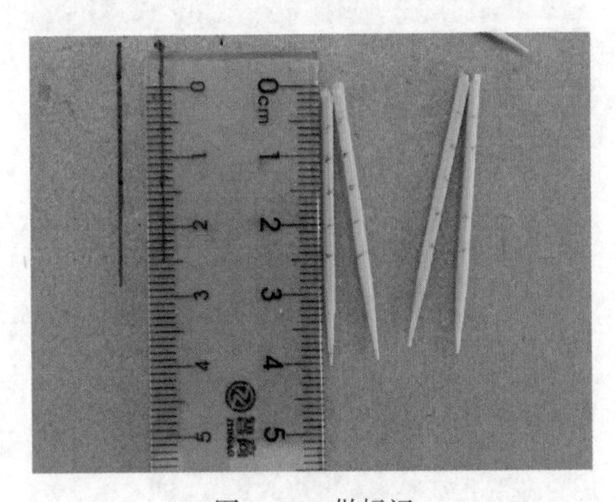

图 1-96　做标记

2. 三角框架的制作

(1)再取 4 根牙签，每根前后两段各截取 2 cm(图 1-97)。用打磨器将两端磨尖(图 1-98)。

(2)再取若干根牙签，将牙签尖端 1 cm 处打磨成一样粗细(图 1-99)。截取 1 cm 4 段，5 mm 30 段(图 1-100)。

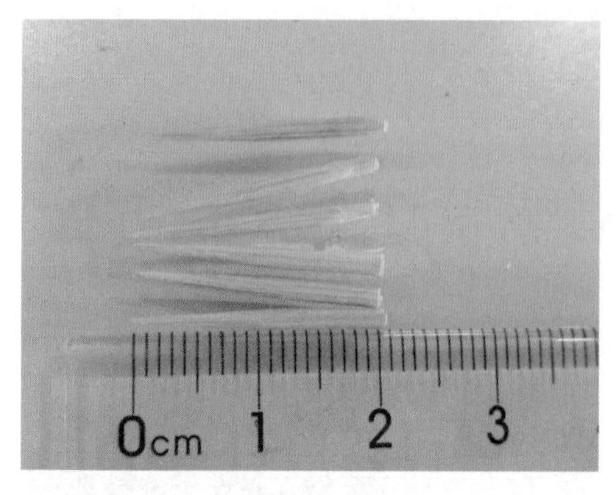

图 1-97　截取 2 cm

图 1-98　两端磨尖

图 1-99　磨细

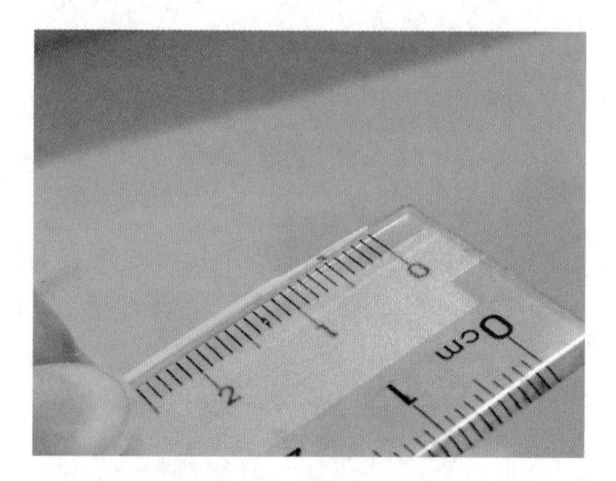

图 1-100　截取 5 mm

(3)在主支架上根据标记，先横向粘贴 2 cm 的牙签，再粘贴三角框(图 1-101)。

(4)待干燥后，将两个支架的顶部粘合，底部分开，呈三角形(图 1-102)。

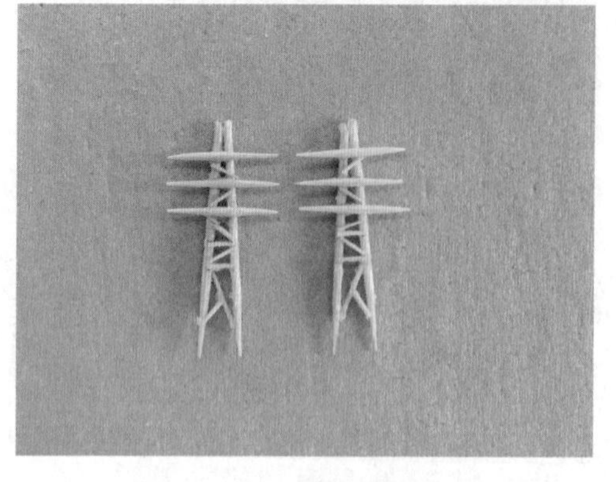

图 1-101　根据标记粘粘贴

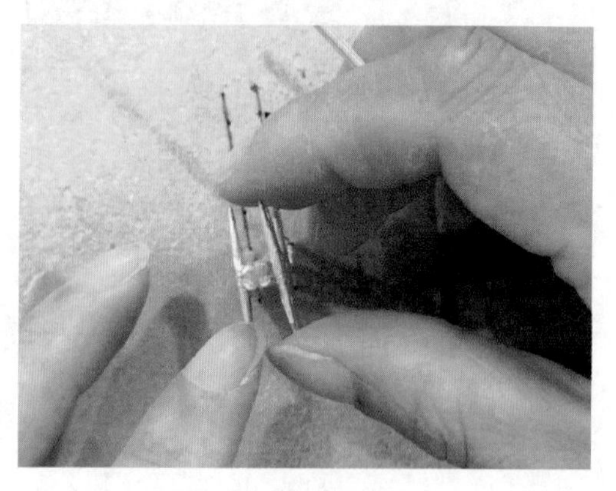

图 1-102　顶部粘合

(5)待顶部固定干燥后，在中间粘上 2 cm 两头尖的牙签(图 1-103)，尽量居中，注意平衡。

(6)待干后，在侧面完成三角框的粘贴(图 1-104)。

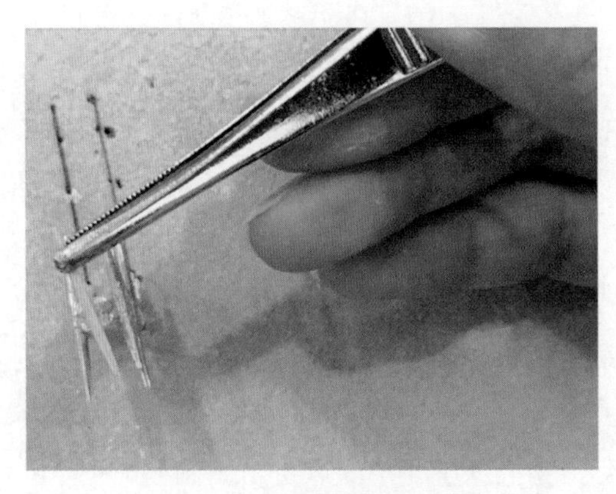

图 1-103　顶部粘牙签

图 1-104　完成

3. 涂色

待全部干燥后，均匀地涂上银色的水性颜料(图 1-105)。

4. 安放

待颜料干后，将输电塔模型放在岛礁合适的位置上，根据所放位置的坡度，修整底脚高度和倾斜度，使塔能立于岛礁上，并用水景膏进行固定。本次制作过程中输电塔不明显，可以不放。图 1-106 是制作完成的输电塔放在桌面的样子。

图 1-105　上色

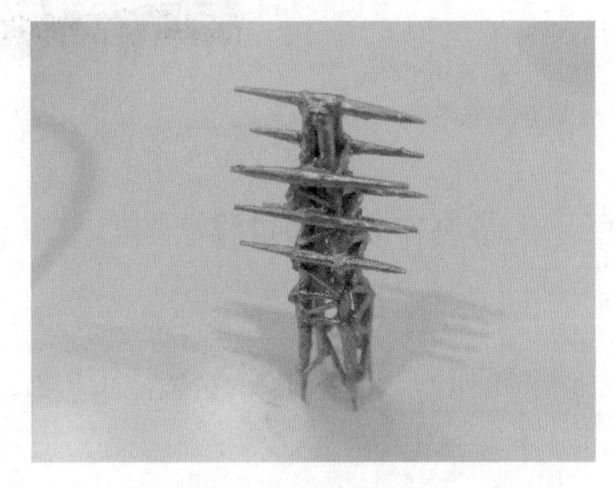

图 1-106　输电塔模型

根据实际输电塔的不同，可以再进行设计和创意，并调整比例，使其更贴近实际的大小和形状。

九、设置地物——植被

一般来说，海岛上的绿化覆盖率较高，所以在制作岛礁模型时，也应结合实际情况制作、布置一些绿色植物。高大的植物可以用不同树种的模型表示，低矮的植被只需要一些树粉或草粉表示即可。

(一)材料和工具

所需的材料和工具包括草粉(草绿色和深绿色)、树粉、水粉笔(两支)，白乳胶，草粉筛网(图 1-107)。

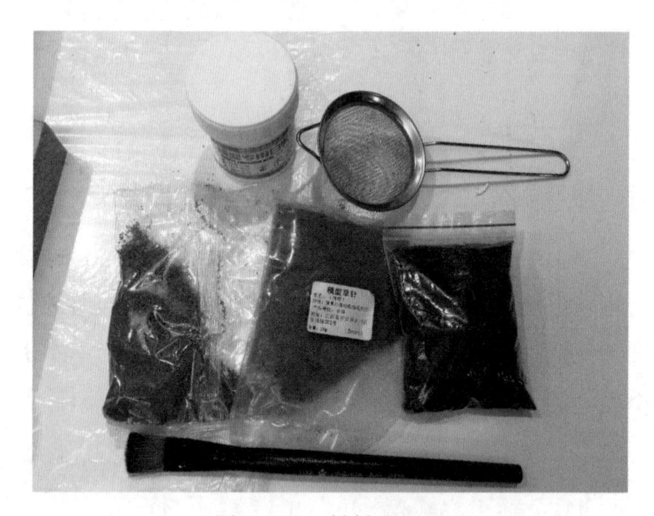

图 1-107　材料和工具

(二)制作方法和过程

1. 涂白胶

在山体上需要撒草粉的位置，从上到下均匀地抹上白乳胶(图 1-108)。

2. 撒草粉

将草绿色草粉先放入筛网，再放少量深绿色草粉，来回抖动筛网，在山体上撒上草粉，并进行局部调整，使山体呈现自然的、深深浅浅的绿(图 1-109)。

3. 撒树粉

取一点树粉，用筛网在树木比较茂密的山谷等处撒少量不同颜色的树粉，表示谷中的原始森林(图 1-110)。

4. 清理草粉

用干燥的画笔把撒在山体外的草粉清理干净(图 1-111)。也可以用吸管吹掉撒出的草粉，使模型显得更干净。

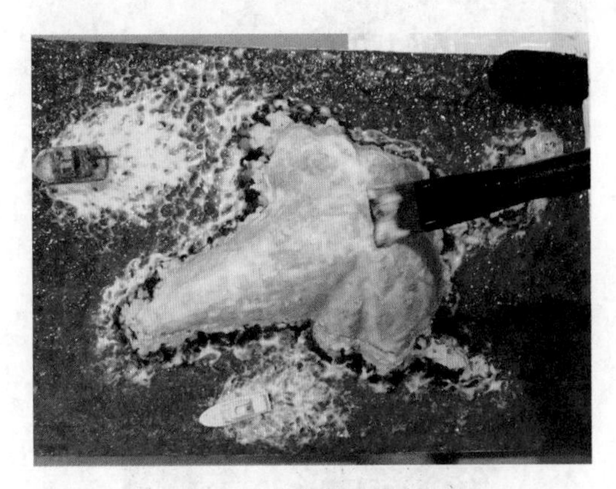

图 1-108　均匀涂白乳胶

图 1-109　撒草粉

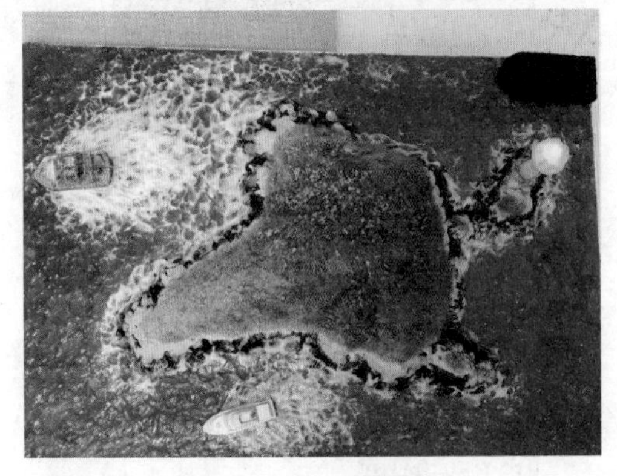

图 1-110　撒树粉

图 1-111　清理草粉

(三)注意事项

(1)撒草粉前，模型务必干燥，并在模型下方铺垫报纸，防止草粉四散。撒落在报纸上的草粉，回收后还可以继续使用。

(2)如果沙盘较大，树木模型需要单独表现，可以购买现成的模型(图 1-112)。

(3)在春夏季节，植物会开花，可以用红色、粉色、橙色等树粉渲染。也可以购买如图 1-113 所示的树干模型，动手能力强的同学也可以自己用铁丝扎出造型。扎制完成后，在树干上先涂胶，再蘸上树粉(图 1-114)，就完成了自己想要的“开花的树”(图 1-115)。

图 1-112　树的模型

图 1-113　树干模型

图 1-114　蘸树粉

图 1-115　模型树作品

十、整饰与解说词

模型完成后，还需要制作标签。标签上除岛礁的名称，还要有标明模型的比例尺、方位，并配以简要的介绍。在模型制作中，这一过程称为整饰。

(一) 材料和设备

所需材料和设备包括塑封机和塑封膜(可略)、打印机、纸、美工刀、尺子；用于粘贴的透明水景膏或“三秒胶”。

(二) 方法和过程

1. 整饰

(1) 注明名称：×××岛地形模型。

(2) 设置矢标。即设置指北箭头，表示方位。

(3)注明比例尺。包括水平比例尺 1∶2500 和垂直比例尺 1∶800。

2. 解说词

(1)必备要素：岛礁所处的地理位置；岛礁的地形地貌特征(包括面积、海岸线长度、山峰名及高度等)。

(2)其他内容：岛礁地名的由来或历史；岛上风光或特色；最新开发建设情况(包括该岛定位及未来发展，岛上新开发或建设的项目及进程等)。

(3)文字要求：简要、概括、文字量少，重点突出。岛礁上如有新开发建设的项目，可以重点介绍；如没有开发项目，则突出必备要素。

(4)下面以舟山凉潭岛为例进行文字介绍。

凉潭岛隶属普陀区六横镇，位于元山岛西北。东南距元山岛 410 m，东西走向。东西长 2.4 km，南北宽 0.7 km，陆域面积 1.12 km^2，海岸线长 7.44 km，最高点峙家岩海拔 84 m。(这是地理位置与地形地貌特征的介绍)

凉潭岛原为大凉潭与小凉潭，大凉潭位于小凉潭的东侧，以前隔海相望，1974 年通过筑堤围垦使两岛相连。(这是地形变化的历史介绍)

2009 年，凉潭岛上建造武钢矿石码头，全岛土地被征用，居民整体搬迁。2010 年 5 月码头动工，海岸线被分成了南北两部分，共建设了 25 万吨级卸船泊位 1 个，5 万吨级装船泊位 1 个和靠泊 1 万吨级江海直达装船泊位 2 个，岛中则是堆场，可储存 135 万吨左右的铁矿砂。在台门-悬山-凉潭岛之间还铺设了海底供水管线。(这是岛上新开发或建设的项目及进程等的介绍)

本岛礁模型的文字介绍可参照凉潭岛文字介绍编写，并注意地形地貌特征、地形变化历史介绍及岛上建设项目 3 方面内容。

3. 设计与制作标牌

将整饰内容与解说内容制作成标签，放到沙盘模型上。根据此岛礁模型，可以将标签设计成三棱柱形，立于电池盒上。正面是整饰内容，反面是解说内容，整饰和解说内容的文字的方向要相反。

(1)根据电池盒大小设计标签大小。

(2)标签分成四格，如图 1-116 所示。空白处无内容。

(3)打印后夹入塑封膜进行塑封(图 1-117)。

(4)比边框线多 2~3 mm 边距处剪下。空白处所剪形状如图 1-118 所示，一端是“凸”形，另一端横线处用美工刀划开口子(图 1-118)。

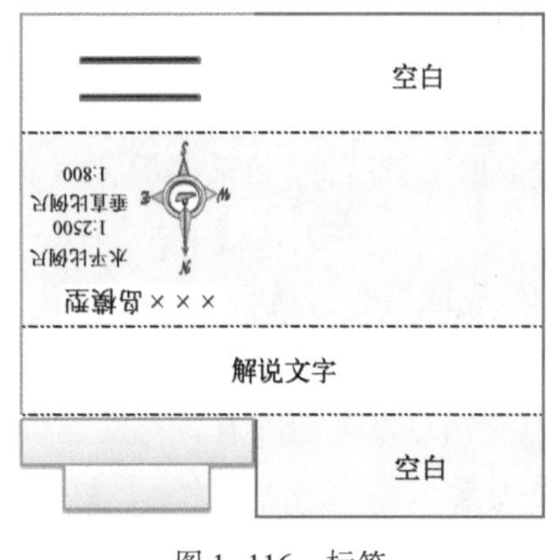

图 1-116　标签

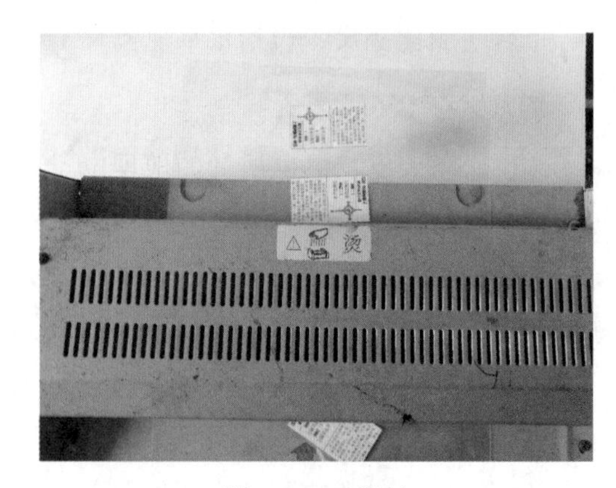
图 1-117　塑封

(5)用美工刀沿表格虚线轻划，不要划断。再进行外折，将倒凸形一端插接至另一端的划线开口处(图 1-119)，并用少量透明胶粘住，变成三棱柱形的标牌(图 1-120)。

(6)最后用透明水景膏或“三秒胶”粘贴于大小适合的塑料板上。如图 1-121 所示，就是某岛地形模型的完成效果。为了防尘，可以在模型外面罩上透明盒子。

图 1-118　标签

图 1-119　插接

图 1-120　标签完成

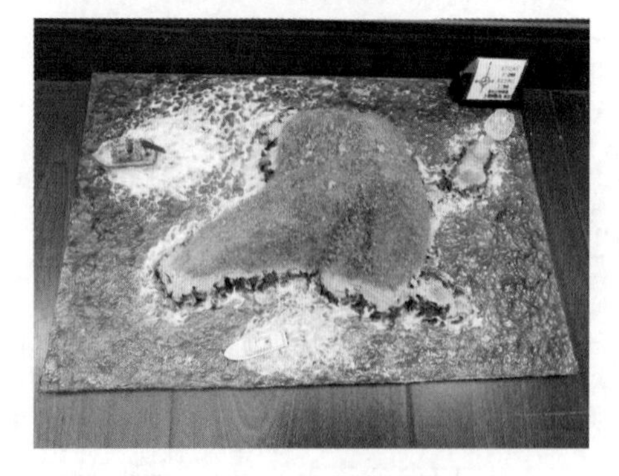
图 1-121　岛模作品完成

专题二　海洋生物标本制作

海洋生物标本制作是利用标本制作技术对海洋生物进行标本制作的活动。标本制作历史悠久，几乎从几千年前人类捕获野兽作为食物开始(剥离兽皮其实就是标本制作的雏形)。随着科学的发展、技术的进步，人们对标本的美观度要求越来越高，标本制作不再是单一的皮张标本，兽类标本、鸟类标本、鱼类标本、昆虫类标本、植物标本、骨骼标本等不断涌现，标本也从陆生生物向更广阔的海洋生物发展。

本专题从海洋生物标本概述开始，详细介绍了如何运用浸制、干制、包埋等技术来制作鱼类、虾蟹类、螺贝类等常见的海洋生物标本，并对标本的保存与管理作了说明。

学习目标：对标本的分类有所了解，学会如何制作标本，体验制作标本的不易，并锻炼自己的耐心、细心。制作标本的过程，也是认识各种海洋生物，了解其结构特点、生活环境等的过程。在此过程中，还要注意培养学生对生物多样性的认识，并形成保护生物资源的意识。

一、海洋生物标本概述

标本是指动物、植物、矿物等实物，经过各种处理，可以长久保存，并尽量保持原貌，作为展览、示范、教育、鉴定、考证及其他各种研究之用，如图 2-1 所示为矿物类标本；如图 2-2 所示为化石类标本。

图 2-1　矿物类标本

图 2-2　化石类标本

(一)生物标本的发展史及分类

自然界的生物种类繁多、形态千差万别，人类认识各种生物的第一步就是要给每一物种确定身份，除了详细的文字描述和图片说明以外，还需要将最初确立该物种时所依据的标本长期妥善保存，这种标本早期称为“模式标本”，是之后鉴定物种最有效和最直接的凭证。标本对于生物的研究极其重要。而以科学研究为目的的生物标本采集和制作始于欧洲。19 世纪以前，欧洲大批博物学家、探险家和旅行家在环球航行或在世界各地远征考察的同时，大量收集不同地区的生物标本，以进行科学研究或收藏，于是在全球范围内掀起了生物标本采集的热潮。

如今，生物标本在科研、教学以及科学普及工作中仍旧占有特别重要的地位。在科学研究方面，它是新物种发表和新分布区记述的唯一可供检查和研究的证据。生物分类学的发展，在很大程度上得益于对世界各地博物馆(标本馆)所收藏的成千上万的动植物标本的比较研究。在教学和科学普及宣传方面，一件姿态栩栩如生的标本是最好的教具，它给观察者留下的记忆甚至是终生难忘的。

生物分类学的蓬勃发展，对生物标本采集、制作也提出新要求。根据不同的分类标准，生物标本的类型也是多种多样的。按照生物类群，生物标本可以分为动物标本、植物标本、菌类标本和藻类标本等；按照标本用途，大致可分为研究用标本和展示用标本；按照制作工艺，可以分为干制标本、浸制标本、剥制标本、腊叶标本和玻片标本等；按照保存内容，可以分为整体标本、皮张标本、骨骼标本、子实体标本和组织器官标本等；按科学意义，又可以分为模式标本、珍稀濒危生物标本、特有生物标本和普通研究用标本等。

根据生物种类，现在多将标本大致分为兽类标本、鸟类标本、鱼类标本、昆虫类标本、植物标本、骨骼标本、虾蟹类标本、化石类标本和矿物类标本等，除化石类标本和矿物类标本，其他统称为生物标本，如图 2-3 至图 2-5 所示为不同种类的生物标本。

图 2-3　哺乳类动物标本

图 2-4　鸟类标本

图 2-5　蝴蝶标本

(二)海洋生物标本的概念

在生物标本的范畴中，鱼类标本、虾蟹类标本以及海洋中各种生物的标本统称为海洋生物标本。

海洋生物标本是指将生活在海洋中的动物或植物的整体或局部整理后，经过加工，保持其原型或特征，并保存在科研单位、学校的实验室或博物馆中，供生物学等学科工作者进行科学研究、教学或陈列观摩用的实物。

（三）海洋生物标本的分类

同生物标本一样，海洋生物标本按照不同的分类标准，也可以分为不同的种类，常用的分类方法如下。

（1）按制作对象不同，可分为鱼类标本、虾蟹类标本（即甲壳类）、贝类标本（即软体类）、棘皮类标本（即海星、海胆等）、藻类标本等。

（2）按制作方法不同，可分为浸制标本、干制标本、剥制标本、骨骼标本、腊叶标本、包埋标本等；也有将剥制标本、腊叶标本列入干制标本的划分方法。如图 2-6 至图 2-9，就是四种不同类型的海洋生物标本。

图 2-6　浸制标本

图 2-7　骨骼标本

图 2-8　干制标本

图 2-9　剥制标本

二、常用防腐固定药物介绍

在制作过程中，如若处理不当标本会腐烂变质，这是因为组织腐败和自溶须有酶参加，酶是由蛋白质构成的，细菌本身也是由蛋白质构成的。因此，凡能使蛋白质变性或凝固的物理化学因素，均能使酶失去活性，抑制或杜绝细菌的繁殖，从而防止组织自溶，达到防腐固定的目的。所以在标本制作过程中，会用到类似醇类、醛类、重金属盐等药品或物理方法如加热、紫外线、干燥脱水等。当使用各种方法凝固蛋白时，既要能破坏酶的活性达到防腐固定效果，又要尽量保持标本结构的自然完整状态，因此一些高温、高压、强酸、强碱等对组织破坏性大、收缩率大、腐蚀严重的方法一般都不宜采用。

(一)甲醛

甲醛是标本制作中最常用的一种化学制剂，其水溶液俗名福尔马林。福尔马林是蛋白质凝固剂，是具有强烈刺激性气味的无色液体。

市面上常见到的福尔马林，甲醛浓度为24%~40%(在医学上，福尔马林多指浓度为40%的甲醛水溶液)。福尔马林能有效阻止细胞核蛋白的合成，抑制细菌分裂及抑制细胞核和细胞液的合成，导致微生物的死亡。福尔马林多用于畜禽棚舍、仓库、孵化室、皮毛、衣物、器具等的消毒和标本、尸体的防腐。

医学专家认为，甲醛是一种慢性中毒药物，高浓度的甲醛溶液对神经系统、免疫系统、肝脏等都有毒害作用，所以在使用时要注意安全。而制作标本时，如果单纯作为保存液，浓度一般为5%~10%。具体浓度依标本的大小而定，原则上小型标本浓度小，大型标本浓度高。甲醛作为保存液，效果好、价格低，可以大量地使用。缺点是保存中往往有多聚甲醛形成，使浸液变浑浊，影响效果。因此，在保存过程中，要适时更换新液。

在平常制作标本所用的福尔马林，可自行上网或到化工用品商店购买，各种浓度均有，一般情况下都不需要自己调配，比较方便。

(二)乙醇

乙醇俗名酒精，是一种透明无色液体，具有挥发性。酒精能与石炭酸、甘油、水以任意比例混合，是一种良好的溶剂。

酒精具有较强的脱水作用，能将细胞表面和内部的水分脱除，使蛋白分子结构松解，并使蛋白质变性和凝固。这就是酒精杀菌消毒、保护组织、防止腐败的基本原理。酒精在组织中渗透性好，混合防腐液中加入酒精，可加强渗透力，缩短防腐固定时间。但过高浓度的酒精，能使细胞表面的蛋白质迅速变性凝固，形成一层保护膜，反而阻止防腐液进入深层发挥作用。因此，固定标本的酒精浓度，一般不应超过75%。用酒精固定标本，色泽保存较好，刺激性不强，无不良气味。酒精的缺点是脱水作用太强，标本收缩率大(可达20%左右)，并能溶解脂肪和类脂等。因此，富含类脂质的标本，例如脑标本等，不宜用酒精做固定剂。酒精的另一个缺点是挥发快、易散失。如果为骨骼标本进行进一步脱水，一般选用95%的乙醇或无水乙醇效果更好。

(三)丙三醇

丙三醇俗称甘油，是无色、透明略带甜味的黏稠液体，能与水和乙醇任意混合。甘油有很大的吸湿性，能防止干燥，使动、植物表皮柔软而透明。

在混合防腐固定剂中，由于其优秀的防腐性、吸湿性和对某些无机盐有特殊溶解性，使甘油成为一种良好的选用药物。甘油的各种溶液比较稳定，所固定的标本不易干燥，有一定柔韧度，且结缔组织稍呈透明。更重要的是甘油能吸附与其混合的药物(如甲醛、乙醇、酚类等)，使其滞留在标本内部和表面，不易挥发和散失，达到增强上述药物的防腐固定效果，提高抗霉能力。高浓度甘油可使组织蛋白质变性，起到防腐的作用，也会使组织严重脱水，标本收缩干涸。利用甘油的脱水防腐作用，可制作半干标本；利用甘油的透明性，可制作半透明标本。甘油的缺点是低浓度甘油渗透性能差，配制混合防腐固定剂时，也会降低其他药物的渗透速度，因此用甘油制作标本需要时间较长。

(四)环氧树脂AB胶

环氧树脂AB胶由A胶和B胶两种胶水按一定比例配制而成，分软性胶和硬性胶两种。

标本制作中通常用硬性胶来制作包埋标本，配置比例为，A胶∶B胶=2.5∶1(体积比)或者A胶∶B胶=3∶1(质量比)。等待约一天的时间可使胶干透，干透的胶透明度高、硬度高且耐黄性好。用它制成的包埋标本隔水、隔空气，保存时间长，且观赏性高。但要注意的是AB胶混合后就会开始固化，并放出大量的热，所以混合后的胶尽量在短时间内用完。有极少数人长时间接触胶液会产生轻度皮肤过敏，如轻度痒痛等情况，建议使用时戴防护手套，沾到皮肤上应尽快用酒精擦去，并使用清洁剂清洗干净。AB胶可于网上购买，且有不同种类选择，有慢干胶、快干胶、高清胶等，但注意不要购买软胶。还可以选择 1∶1 配比(体积比)的，这样就不需要再进行称量。

(五)苯酚

苯酚，又名石炭酸、羟基苯，是最简单的酚类有机物，是一种具有特殊气味的无色针状晶体，呈弱酸性，常温下无色，有毒。若长期直接接触苯酚，应采取适当防护措施。苯酚是一种常见的化学品，是生产某些树脂、杀菌剂、防腐剂以及药物(如阿司匹林)的重要原料。

苯酚有腐蚀性，常温下微溶于水，易溶于有机溶液；当温度高于 65℃时，能跟水以任意比例互溶。其溶液沾到皮肤上可用酒精洗涤，苯酚暴露在空气中呈粉红色。在标本制作过程中常用作干制标本的杀菌防腐剂。

三、鱼类浸制标本制作

海洋中生存着许多的生物，其中以鱼类种类最多、数量最大，构成了海洋生物的主体，而这些鱼类又有其各自不同的形态、颜色。生物学家多以外部形态特征为依据对鱼类进行鉴别分类。如果想认识更多的鱼类，了解它们之间的区别，制作鱼类浸制标本就是一种比较好的方法。浸制标本是用防腐固定液固定，以防止动物体腐烂变质，从而达到长期保存的目的。浸制标本不仅能保持鱼类形体的完整性，供大家长期观察、比较鱼类的形态特征，还具有一定的观赏性，而且浸制标本制作过程简单、易学易会。

浸制标本必须保存在一定的容器中。小的标本可保存于普通玻璃瓶或标本瓶(缸)中，以供陈列；过大的标本由于质量大、需要大量溶液，取用不方便等原因，不宜制作成浸制标本。因此一般选择中小型且完好无损的鱼类制作浸制标本。

制作鱼类浸制标本一般可分为：材料准备、清理鱼体、固定鱼体、标本装瓶、封瓶保存、贴标签几个步骤。

(一)材料准备

1. 标本鱼样品准备

鱼类的标本材料一般是从养殖场、水产市场或野外水体中采集而来的，其中水产市场是最方便的获取场所。标本材料应选择没有任何创伤、鳍条完整、鳞片齐全和体形适中的新鲜鱼类作为浸制标本的材料。此外，鱼的全体长应略小于标本瓶的长度。

2. 药品及工具准备

所需药品及制作工具包括10%甲醛溶液、福尔马林、一次性手套、标本盘、镊子、泡沫板、注射器、软毛刷(或滴管)、大头针适量、纸巾、标本瓶、玻璃胶、胶枪、胶棒、标签纸、笔，如图2-10和图2-11所示。

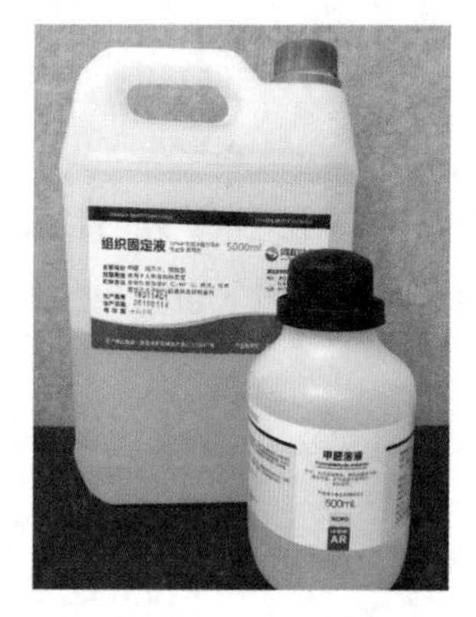

图2-10 不同浓度的甲醛溶液

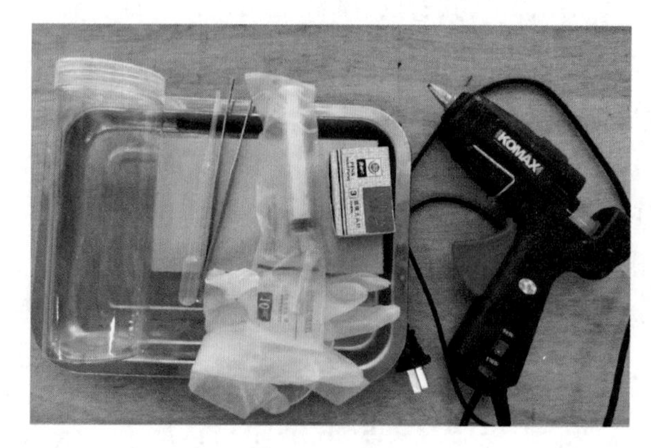

图2-11 工具

(二)制作方法

1. 清理鱼体

用清水洗去鱼体表面的泥沙以及黏液，若鱼表面的黏液比较多，可用软毛刷反复清洗。但注意，清洗时一定要按照鱼鳞的生长排列方向进行刷洗，以免损伤鱼鳞。在清洗过程中，若发现寄生虫，如果有需要做标本的，可以小心取出并放入单独的小标本瓶内，注入70%酒精进行保存；若不需要做标本的，可直接处理掉。

2. 固定鱼体

将清洗干净的鱼用纸巾吸干表面的水后放在泡沫板上，用镊子小心地将背鳍、胸鳍、臀鳍和尾鳍展开，并用大头针固定住，展现成鱼在水中游动时鳍展开的状态，如图2-12所示。然后用软毛刷(或滴管)蘸取福尔马林涂于背鳍、胸鳍、臀鳍、尾鳍和体表并等待10~20 min使鱼僵硬定型，再涂另一面，如图2-13所示。

若是鱼比较大，还要用注射器注射10%甲醛溶液于胸腔内，以防止放置长时间后标本的内脏腐烂，从而影响标本质量。注射时注射角度不要垂直，一般倾斜30°~40°角，注射速度要慢，使甲醛溶液均匀地扩散在鱼体胸腔内。注射的量根据鱼体的大小自行控制，一般情况下鱼体不会膨胀变形即可。

图 2-12　固定鱼体

图 2-13　涂抹 38%福尔马林

(三)标本保存

1. 标本瓶的选择

市面上的标本瓶有很多规格，如图 2-14 所示，应根据鱼的体形大小选取合适的标本瓶。

2. 标本装瓶

将固定好的鱼放入标本瓶中，注意要保持头朝上、尾朝下。然后倒入 10%甲醛溶液，溶液要完全没过鱼体，如图 2-15 所示。

图 2-14　不同规格的标本瓶

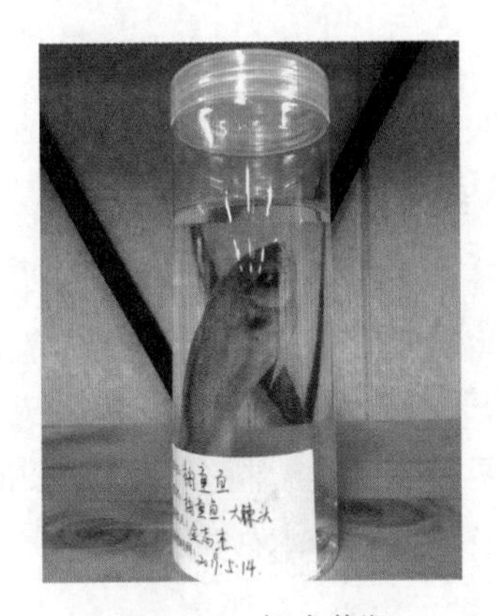

图 2-15　标本装瓶

3. 封瓶

擦干标本瓶盖和标本瓶口，在标本瓶盖上涂抹一层玻璃胶，但要预留一个小口，使空气能够排出。盖好瓶盖，并将瓶盖缓慢转动，使瓶口缝隙完全被玻璃胶填满。

4. 贴标签

最后将鱼的学名以及标本制作人的姓名、制作时间等信息写在标签纸上，然后贴在标本瓶上即可。

在制作过程中，甲醛具有较强烈的刺激性气味，而且会使眼睛出现流泪等症状，所以制作场地最好选择空旷通风处或有专门通风设备的实验室，并且眼睛离溶液不要太近，或佩戴护目镜。如果制作过程中手接触到甲醛时应及时洗手。

封瓶后由于玻璃胶需要 1 d 时间才能彻底干燥，所以标本制作好后，必须统一放置在通风口等待 1 d。

四、鱼类骨骼标本制作

骨骼标本是观察研究骨骼的形态结构以及与其他器官相互关系的主要材料。制作骨骼标本时，除个别情况(例如观察骨膜、骨髓等)采用新鲜骨块直接制成外，一般都要将骨骼进行各种加工处理，剔除表面附着的肌肉、软组织后，制成干骨。然后，按照原来的自然位置串联安装成整体的骨骼标本，或者单个骨块散装，以备后用。因此，取材和取材后的骨骼处理是制作骨骼标本的首要步骤。

骨骼标本的制作方法，一般可以分为：材料准备、热处理、粗剔肌肉、细剔肌肉、腐蚀肌肉、脱脂漂白、整形。

(一)材料准备

1. 标本鱼样品选取

对于新手来说制作骨骼标本时应尽量选择鱼骨较硬的鱼类，这样比较容易处理。同时，应尽量选取新鲜完整的成鱼。腐烂的鱼由于其骨骼间的韧带已被破坏，在制作标本时容易散架，会给制作过程带来很大的困难，而且做出的标本效果较差。

2. 工具及药品准备

所需工具及药品包括解剖镊子、解剖盘、水槽、一次性杯子若干、0.5%～1% NaOH 溶液、95% 酒精、汽油、毛刷、502 胶水(万能胶)，如图 2-16 所示。

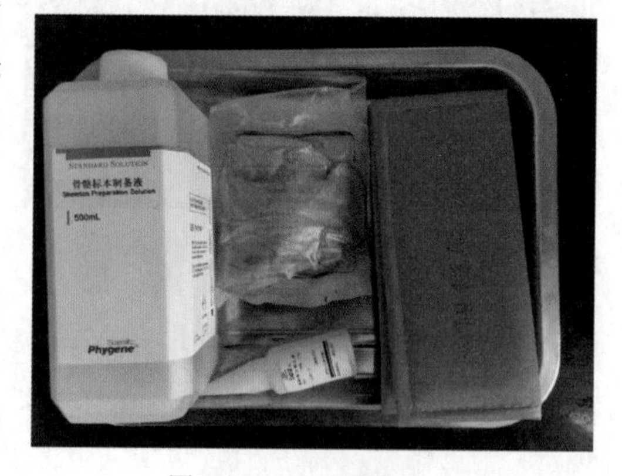

图 2-16 工具及药品

(二)制作方法

1. 热处理

先将鱼鳞片刮去，从胸鳍后端把腹腔剖开，挖出内脏。然后将鱼上锅蒸，如图2-17所示。热处理的程度直接影响标本的最终质量。如果加热时间过长，会导致连接鱼骨、鱼鳍及鳍条间的韧带被破坏，造成标本缺失；热处理时间过短则会造成剔除肌肉困难且效果不好，所以要根据鱼的大小调整加热时间，一般以刚好能撕下头部皮肤较为合适。

2. 粗剔肌肉

将热处理后的鱼放到解剖盘上，用镊子开始剔除肌肉，如图2-18所示。剔除肌肉的顺序是先躯干，再尾部，最后处理头部和鱼鳍。剔除肌肉时要注意保护好鱼头、鱼鳍及担鳍骨，头部只去掉鳃盖骨外的肌肉。除特别需要，鱼头部外层骨骼覆盖的肌肉可不处理。剔除肌肉是一项非常细致的工作，整个过程都应小心、细心、耐心。

图2-17　蒸熟

图2-18　粗剔肌肉

粗剔时用镊子将鱼躯干的大块肌肉尽量剔除，剔除时如果有骨骼掉落要保管好，不要弄丢。

3. 细剔肌肉

粗剔结束后，可用小镊子和手术刀仔细地剔除附在骨骼上的小块肌肉，特别是头部后面和椎骨上面的肌肉，越干净越好，但是应注意不要损伤骨骼。细小部位的肌肉可以将骨骼浸在水中，用毛刷(最好用硬毛牙刷)蘸水轻轻地刷去。背鳍、臀鳍、尾鳍等都需要再次用毛刷小心地刷洗干净，如图2-19所示。然后将掉落的背鳍、臀鳍以及担鳍骨分类保存好。剔除肋骨间的肌肉时，掉落的肋骨刷洗干净也要保存好。再将脑部和眼球挖除。若头部肌肉的剔除实在困难，可先尽量剔除，待后续腐蚀过程中再行处理。

4. 腐蚀肌肉

将主骨骼清洗干净，其他背鳍等小骨骼也清洗干净后分类装在一次性杯子中，并按自己的习惯进行标注，以防在后续拼装时发生错误，如图 2-20 所示。但骨骼上仍会有一些细小的肌肉附着，这时可用药水腐蚀。将骨骼浸入 0.5%~1%的 NaOH 溶液中约 12~24 h。12 h 后，应每隔 2 h 观察一次，待肌肉呈透明状后捞出，用沾水毛刷清洗，除去残存肌肉。

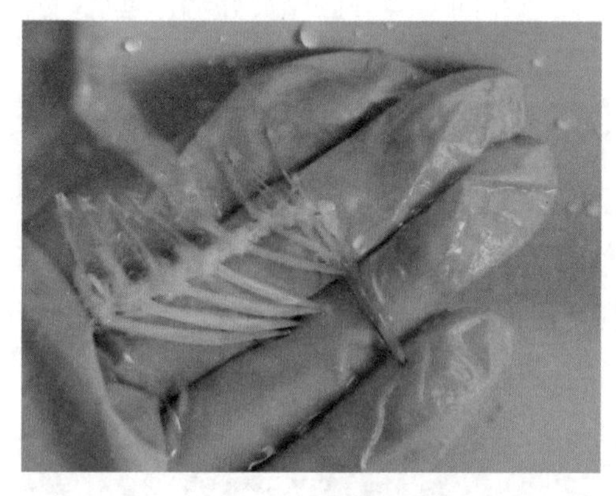
图 2-19　细剔肌肉

图 2-20　骨骼分类

5. 脱脂漂白

将腐蚀完成的骨骼放在通风处自然干燥。风干时也要保持骨骼的自然形态。待干燥后，将它放入 95%的酒精中浸泡 2~3 h 脱去残余的水分。然后浸泡在汽油中 1~2 d 进行脱脂。完成脱脂的骨骼再次放入 0.5%~1% NaOH 溶液中 12~24 h，在骨骼开始发白时取出，清洗干净并风干即可。

6. 整形

鱼类骨骼经过漂白后，韧带很容易分离，所以整形时要特别小心。将脱落的小骨骼用 502 胶水粘贴到鱼主骨骼上，还原出鱼的原有形态，如图 2-21 所示。在进行这一步骤的操作时一定要耐心、细心。在整形时可能会搞不清楚每个骨骼应粘贴在哪一部分，所以需要对鱼的结构足够了解；也可提前拍摄鱼每一部分的细节照片，方便后续粘贴时一一对应。

图 2-21　还原骨骼

应注意的是，由于鱼骨骼较多且细小，

特别是头骨，不但数目多，骨骼之间的连接也不紧密，所以制作难度很大。剔除肌肉的时候一定要细心、耐心。腐蚀肌肉的药水切记浓度不能过高，浸泡时间也不宜过长。否则，碱液会把连接骨骼的韧带、肌腱全部溶化，导致骨骼变成一堆碎骨，这将极大增加制作难度。

五、透明鱼骨标本制作

观察生物骨骼的方法有很多种，主要以制作干制骨骼标本、拍摄 X 光与制作透明染色生物骨骼标本为主。干制骨骼标本是解剖学上重要的方法之一，分离后的骨头可提供分类、演化等研究之应用。但此方法在制作过程中，常会导致部分骨骼组织的溶解。因此，当骨骼需要重新再组合作其他应用时，常会发生组装不易的情况，甚至发生组装上的错误。而利用 X 光拍摄骨骼时，虽然因生物形态而有较多的限制，但能够在不破坏生物外观下进行体内骨骼的观察。但因为影像是平面图像，要获得立体图像必须多方位拍摄。而且 X 光设备的安全要求较高，对人员资质也有要求，条件一般的实验室很难配备。

透明染色生物骨骼标本需要使用透明骨骼染色法。这种方法是利用特殊药品将生物体的肌肉组织透明化后，再利用特殊染剂将骨骼进行二重染色，让生物标本依骨骼成分呈现红蓝两色。此方法能够避免在制作过程中出现骨骼遗失与错位的问题；费用也较 X 光照射法便宜许多，同时也提供了立体的标本观察角度。

制作透明鱼骨标本一般可分为：材料准备、清理鱼体、固定、脱脂、复水、第一次透明脱色、染色、去浮色、脱色、再次透明脱色、梯度透明、装瓶。

(一) 材料准备

1. 标本鱼样品选取

鱼体不要太大，身长 5~10 cm 即可。鱼应新鲜且各部分保证完整即可。

2. 工具及药品准备

所需工具及药品包括蒸馏水、95%乙醇溶液、丙三醇(甘油)、脂溶性溶剂（香蕉水)、氢氧化钾(KOH)、过氧化氢、茜素红 S、麝香草酚；试管若干、试管架、解剖工具、量杯、电子秤、小号注射器。该标本制作中使用到的药品，如香蕉水、过氧化氢等都具有刺激性气味和一定的腐蚀性，会对人的呼吸道产生刺激，并引发头晕等症状，所以在使用过程中一定要保持通风，并戴好口罩、手套，若皮肤不小心接触到，应立即用流动清水彻底清洗干净；同时，香蕉水易挥发且易燃，因此在使用过程中应严禁明火。

(二)制作方法

1. 清理鱼体

在流水中刮去身侧大部分鳞片；去掉鱼鳃，将鱼腹腔清理干净，可沿腹部切口后用镊子将内脏掏出来。

2. 固定

将鱼体用水清洗干净，放入试管，倒入95%乙醇溶液，3~4 d后，鱼体会变得十分僵硬，即表示定型完成，如图2-22所示。之后，隔一天就摇晃一下容器，让酒精充分混合。再过3~4 d后取出，这时候鱼皮因乙醇固定发硬，可以整块撕下(3 cm以下的鱼可以不用剥皮)。

图2-22　定型

3. 脱脂

经过酒精脱水，鱼的身体已经比较干燥，若鱼体脂肪含量较高则还需要脱脂，否则会因黄色脂肪组织的存在而影响后期表现效果。可将鱼体放入香蕉水静置24 h后取出，重新倒入酒精，将香蕉水稀释后去除。

4. 复水

将脱脂后的鱼体放入纯净水中浸泡大概24 h，将鱼体上的酒精等溶剂清洗掉，准备进行第一次透明脱色。

5. 第一次透明脱色

配制浓度为1%~2%(质量比)的KOH溶液。注意取用药品的时候一定要戴手套，氢氧化钾是强碱，而且极易溶于各种液体，同时注意通风。倒入KOH溶液后，体积小的鱼皮肤会因为强碱作用瞬间收缩，很可能导致鱼的身体裂开。这一步骤可以说是最关键的一步，基本上决定了后面的成败，所以要注意观察。鱼体稍微透明时，就可以倒掉 KOH 溶液。这个过程大概需要 24 h，以 48 h 为上限，体量相对较小的鱼静置几个小时即可，如图 2-23 所示。

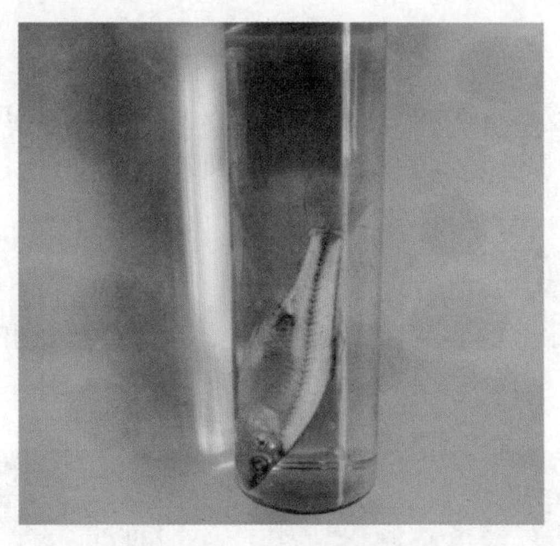

图 2-23　第一次透明处理

6. 染色

倒掉 KOH 溶液后，用蒸馏水清洗一下鱼体，然后倒入茜红素 S 染剂。配置方法为将茜素红 S 溶入 95%乙醇配制饱和溶液，再将此饱和溶液加入 9 倍体积的 1% KOH 溶液(稀释 10 倍)。染色过程一般 48 h 即可，取出鱼体，用蒸馏水清洗。

7. 去浮色

浮色可以用蒸馏水浸泡去除，大概每隔一天就换次水，水会逐渐由紫色变回透明，一直泡到大致如图 2-24 所示的样子。

图 2-24　去浮色

8. 脱色

接下来需要将肌肉组织的染色去掉。将浓度为3%的过氧化氢(俗称双氧水，药店有售)倒进试管内。倾倒动作一定要轻且缓，否则会产生大量气体将本来就脆弱的鱼体冲碎。在脱色后，用注射器吸去气泡。

9. 再次透明脱色

将1%的KOH溶液配入20%的甘油水溶液中(也可将2% KOH，纯甘油，蒸馏水按5∶2∶3体积混合)。这样鱼肉会进一步透明化，如图2-25所示。这个阶段大概要持续一周，等小气泡都消失后，就可以进入下一步。

10. 梯度透明

分别用50%甘油水溶液和纯甘油浸泡一周，鱼体会呈现出完美的通透感，如图2-26所示。

图2-25　再次透明脱色

图2-26　梯度透明处理

11. 装瓶

梯度透明处理过后，用镊子将鱼体小心地捞出，若夹取困难可以加点水让鱼浮起来倒进小标本瓶里。放入瓶中后，倒入纯甘油，放少许麝香草酚晶体作为防腐剂，并用盖子密封好，如图2-27所示。

图2-27　装瓶

第一次透明脱色作为透明鱼骨骼标本制作过程中最关键的一步，有以下几点要注意。

(1)同等浓度下，不同尺寸的鱼体所需浸泡时间不同，鱼体尺寸越小，浸泡时间越短。

(2)不同尺寸的鱼，各阶段使用的 KOH 溶液浓度也有所不同，过小的鱼在高浓度下会收缩过猛，造成制作过程直接失败。高浓度少泡和低浓度久泡都不行，KOH 溶液浓度的上限为 2%，需要经验技能来慢慢掌握。

六、虾蟹类干制标本制作

虾蟹类同鱼类一样可以制作成浸制标本，方法较简单，可参照鱼类浸制标本的制作。除了浸制标本，虾蟹类还可以制作成干制标本。所谓干制标本，就是通过人工干燥处理或自然干燥制成的标本。制作这种标本对材料的要求是干燥后不变形或变形很小。因此一些具有外骨骼的动物，例如虾、蟹，或具有几丁质壳的昆虫类以及具有硬质介壳的螺贝类等，都可以用干制法制作标本。

制作虾蟹类干制标本最关键也最麻烦的就是在不损坏外骨骼的情况下处理内脏、肌肉等，这需要足够的耐心和细心。接下来就以螃蟹为例详细讲解干制标本的制作方法。该标本制作步骤一般分为：材料准备、清理头胸甲、清理身体、清理蟹肢、彻底清理和防腐处理。

(一)材料准备

1. 标本螃蟹样品选取

螃蟹可从水产市场购买、挑选体量较大、新鲜的即可，且身体结构必须保证完整无缺。

2. 工具及药品准备

所需工具及药品包括解剖盘、解剖针、镊子、洗耳球(或注射器)、10%甲醛溶液(或 98%酒精)、502 胶水、苯酚(或樟脑丸)、脱脂棉，如图 2-28 所示。

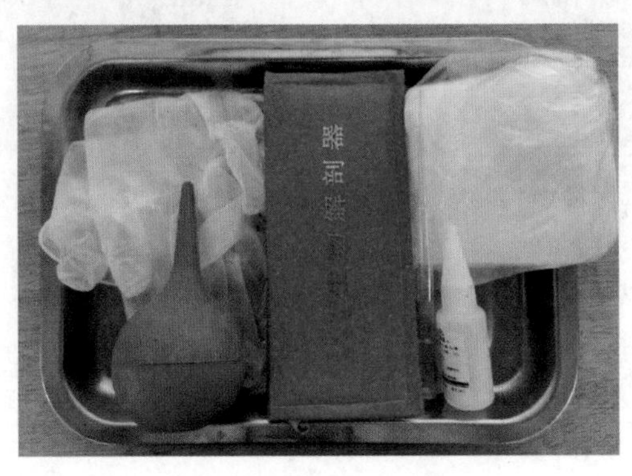

图 2-28　材料与工具

(二)制作方法

1. 清理头胸甲

将螃蟹的头胸甲整个揭下，如图 2-29 所示。用解剖镊子将头胸甲中的肌肉和内脏清理干净，如图 2-30 所示。

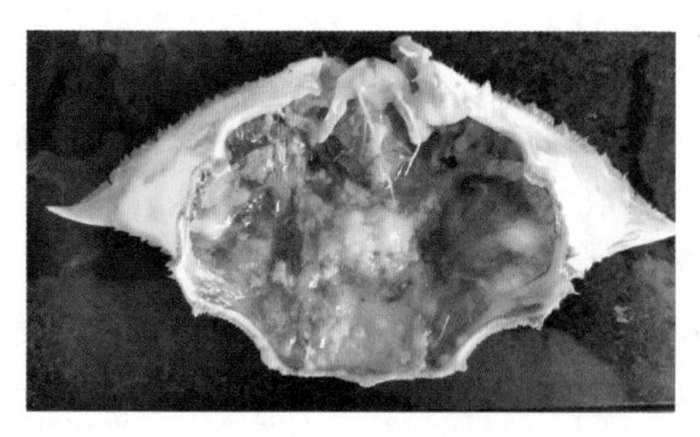
图 2-29　头胸甲揭下

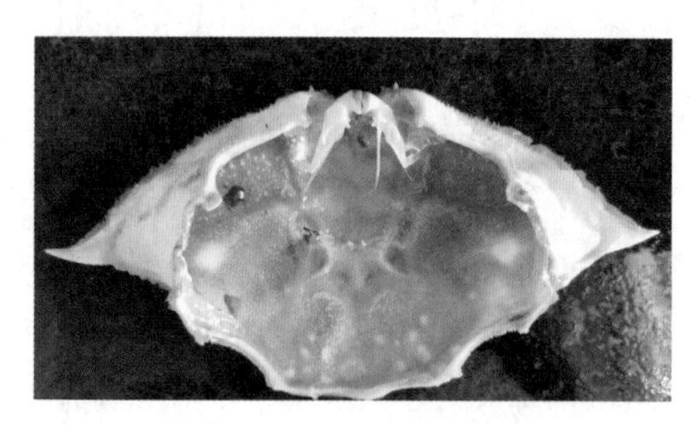
图 2-30　肌肉和内脏清理干净

2. 清理身体

用镊子将身体内的肌肉清理干净，部分角落无法用镊子处理时，可先用解剖针(也可以用铁丝，前端弯个小钩子)钩取或捣碎，然后用清水冲洗，尽量处理干净，如图 2-31 和图 2-32 所示。在处理过程中小心不要损坏蟹腮和蟹肢，如图 2-32 所示中的红圈处是蟹腮。

图 2-31　洗掉碎肉

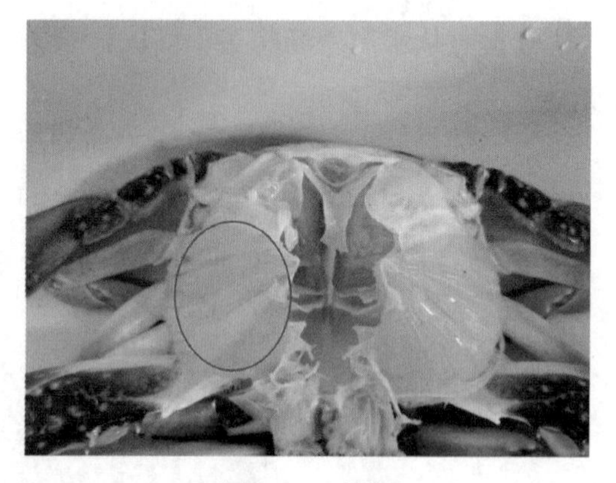
图 2-32　蟹腮

3. 清理蟹肢

蟹肢较难处理，因为蟹肢内有较多的肌肉，且是封闭状态，所以要细心、耐心地在不破坏蟹肢的情况下清除肢内的肌肉。首先是一对螯足，用解剖针将螯足背面的关节戳破，如图 2-33 所示。然后将螯足内的肌肉钩出来，无法钩出的则将肉捣碎后冲洗清除。然后是四对步足，清理步足的方法与螯足一样，也是通过步足背面的关节处将肉钩出来，如图 2-34 所示。

图 2-33 戳破关节

图 2-34 钩出蟹肉

4. 彻底清理

初步处理好的螃蟹体内会留有碎肉，此时要进一步处理干净这些碎肉。将初步处理好的螃蟹放入清水中浸泡，然后用洗耳球或注射器将壳或蟹肢内的肉吹出来。这样多次重复，直至取净蟹肉为止，最后用清水洗干净。

5. 防腐处理

将清理干净的螃蟹放入10%的甲醛溶液(或98%的酒精)中浸泡7~10 d后取出，清洗干净后放在通风处风干。风干后，若有部分结构掉落的可用502胶水进行粘补，然后在蟹壳和蟹肢内塞入蘸有少许苯酚(或樟脑丸)的棉花，其目的是防腐。

该制作方法同样适用于虾类，清理虾的肌肉要比螃蟹容易些，但虾的外骨骼连接不够坚固，所以在去肉时应格外注意。虾的各足不必从关节处分开，其中的肌肉也不用去掉。

制作完成的干制标本长期放置后往往会褪色，如图 2-35 所示，所以在制作完成并风干后可涂抹一层清漆加以保护。有条件的也可根据螃蟹、虾的自然体色，进行染色。需要提醒的是：干制标本尽量不在夏天制作，以避免标本变质。

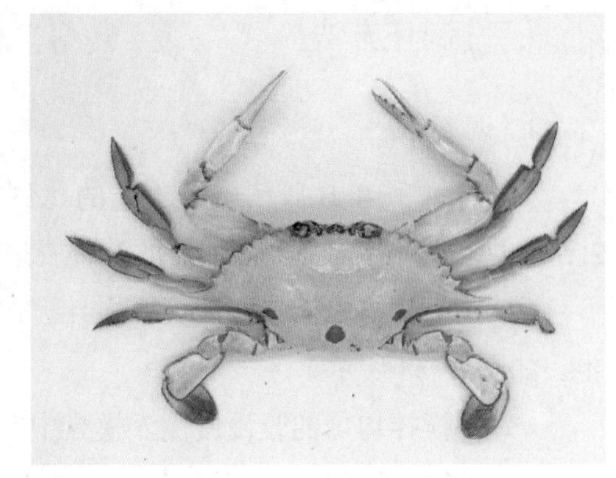
图 2-35 褪色的标本

七、虾蟹类包埋标本制作

包埋标本是把已防腐固定的标本，包埋于可凝结的透明基质中，使标本与外界隔绝，达到长期保存的目的。相比于浸制标本，包埋法免除了标本瓶和保存液的累赘，把标本和保存剂结合为一个整体，使用也较方便。同时，浸制标本因为福尔马林的原因会使标本褪色，搬运时液体的晃动也会造成标本一定程度的损坏。而包埋标本因为与空气隔绝可以保证标本鲜艳的色彩，且较硬的质地也决定了它不容易损坏，甚至可以作为一件美观的工艺品。但因为模具的原因，包埋法不适合体量太大的标本。

制作包埋标本需要分 2~3 次才能完成，使用的胶也需要一定的时间才能凝固，所以此方法至少需要 2 d 的时间才能完成。制作过程中只要注意胶水的配比、搅拌的方法就可以制作出美观的、成功的标本。

制作包埋标本一般可以分为：材料准备、调胶、处理标本、包埋标签、包埋标本这几个步骤。

(一)材料准备

所需材料包括小螃蟹(虾)、福尔马林、环氧树脂 AB 胶、搅拌棒、硅胶模具、硅胶量杯(一次性杯子)、一次性手套、软毛刷(或滴管)、纸巾，如图 2-36 所示。

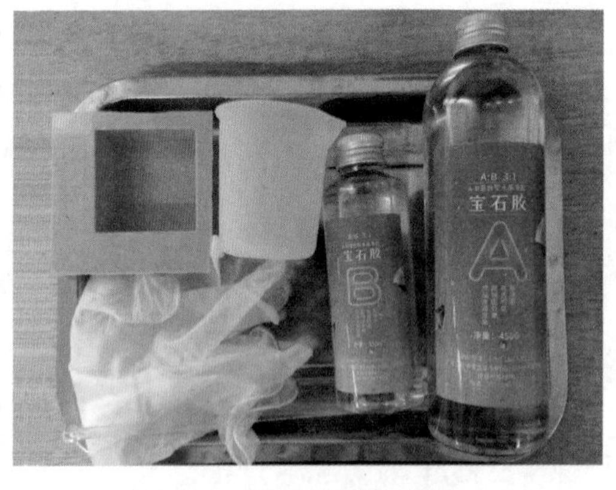

图 2-36　部分材料与工具

(二)制作方法

1. 调制第一层胶

(1)将 A 胶和 B 胶按质量 3∶1 的比例，用电子秤称量(或者将 A 胶和 B 胶按体积 2.5∶1 进行量取)，并将调配好的两种胶进行混合(图 2-37)。

(2)用搅拌棒沿同一方向缓慢搅拌，边搅拌边观察气泡的情况，尽量减少气泡的产生，如图 2-38 所示。

(3)将搅拌均匀的胶慢慢倒入模具中，第一层胶的高度不要超过模具深度的 1/2。

(4)将第一层胶静置，等待 1 d 让胶完全干透变硬，不要脱模。

图 2-37　称量胶水

图 2-38　搅拌胶水

2. 准备标本小螃蟹(虾)样品

可以等退潮时在海边沙滩上采集，也可以在水产市场上购买。螃蟹(虾)应完整、新鲜。

3. 处理小螃蟹(虾)

将小螃蟹(虾)洗干净，尤其注意蟹肢关节处的泥沙要洗干净，并用纸巾吸干其表面的水分；然后在标本盘上摆好螃蟹(虾)的姿态，用软毛刷(或滴管)蘸取福尔马林涂于其表面，并等待 10~20 min 使其定型。再涂另一面，或者将螃蟹(虾)直接浸泡在福尔马林中进行定型，如图 2-39 所示。

图 2-39　定型螃蟹

4. 调制第二层胶

方法与第一层胶相同。

5. 包埋标签

将螃蟹的学名、分类、制作人、制作时间等写在标签纸上，然后将其正面朝上放在第一层胶的下端，用搅拌棒压住标签纸，缓慢倒入少量调制好的胶，使胶没过标签纸即可；再用搅拌棒压一压标签纸的各个部分，排出气泡，这样能使标签纸平整地紧贴第一层胶。

6. 二次包埋螃蟹(虾)

提前将已定型的螃蟹(虾)用清水小心地洗掉表面的福尔马林，并用纸巾吸干表面的水，然后放在室外阴凉通风处风干。然后将风干的螃蟹(虾)放入模具中，慢慢倒胶，使其没过螃蟹(虾)身体的一半即可，最后静置 1 d 让胶完全干透，如图 2-40 所示。

7. 调制第三层胶

方法与第一层胶相同。

8. 三次包埋螃蟹(虾)

将调制好的胶第三次倒入模具中，使其完全没过螃蟹(虾)的身体，并等待胶水干透变硬即可，如图 2-41 所示。最后脱模出来即完成。

图 2-40　二次包埋

图 2-41　三次包埋

制作包埋标本时胶按质量调配还是按体积调配可根据个人习惯，调配可以使用一次性杯子，但建议用硅胶量杯比较方便。硅胶量杯用完后不需要清洗，等杯中的胶水干透后可以直接抠下来即可。

用于制作标本的螃蟹(虾)一定要彻底干燥，不能留有水分，否则制作出来的包埋标本会出现浑浊、变白，甚至不凝固等现象，标本制作即告失败，如图 2-42 至图 2-44 所示。

图 2-42　失败的包埋标本(一)

图 2-43　失败的包埋标本(二)

图 2-44 失败的包埋标本(三)

气泡是包埋标本制作中需要解决的关键问题，也是包埋标本质量好坏的一项重要指标。所以在搅拌时要注意沿同一方向缓慢搅拌，尽量选择玻璃、塑料、金属质地的搅拌棒，避免使用木质搅拌棒。在制作的过程中出现少量气泡是很难避免的，这些气泡在静置一段时间后即可自动排出，若气泡较多可以用解剖针排泡，也可以用滴管或针筒将气泡吸出。

八、螺贝类包埋标本制作

大多数螺、贝类都具有美丽多姿的外壳，但螺、贝类的浸制标本时间稍长会出现褪色、光泽度降低的情况，甚至会使壳变脆易碎。因此对于螺、贝类来说，干制和包埋比较适合，且具有很强的观赏性。

市面上常见的各种螺、贝类工艺品就是干制标本，且制作方法非常简单。浸制标本一般不必去除壳肉，但干制标本在制作前需先进行拔肉清洗。一般建议在淡水中浸泡 5 min 后用小火煮至沸腾，用镊子或夹子将肉拔起。若不能完全把肉拔起，可将带壳肉的螺、贝类埋到沙中或用塑料袋包起来待其腐败后再用淡水冲洗干净，最后风干即可。

螺、贝类的包埋标本也比较简单，但也需要 2~3 d 的时间才能完成，且制作过程中贝类的放置方法不当会产生大气泡，所以要采用正确的方法并多次尝试。

(一) 材料准备

螺贝类包埋标本所用材料与工具和螃蟹相同。

(二)制作方法

1. 调制第一层胶

(1)将 A 胶和 B 胶按质量 3∶1 的比例，用电子秤称量(或者将 A 胶和 B 胶按体积 2.5∶1 的比例进行量取)，并将调配好的两种胶进行混合。

(2)用搅拌棒沿同一方向慢慢搅拌，边搅拌边观察气泡的情况，尽量减少气泡的产生。

(3)将搅拌均匀的胶慢慢倒入模具中，注意第一层胶的高度不要超过模具深度的 1/3，只要没过底部薄薄地铺一层即可。

(4)最后将第一层胶静置，等待 1 d 让胶完全干透变硬，不脱模。

2. 准备标本贝壳(螺)样品

可以用自制的贝类(螺)干制标本做包埋标本，也可以网上购买。还可以海边采集，并将其洗干净、风干。

3. 调制第二层胶

方法与第一层胶相同。

4. 包埋标签

将贝壳(螺)的学名以及标本制作人姓名、制作时间等写在标签纸上，然后将其正面朝下放在第一层胶的下端，用搅拌棒压住标签纸，缓慢倒入少量调制好的胶，使胶没过标签纸即可；接下去用搅拌棒压一压标签纸的各个部分，排出气泡，这样能使标签纸平整的紧贴第一层胶。

5. 包埋贝壳(螺)

将贝壳放入模具中，注意一定要反面朝上放置，如图 2-45 所示。如果正面朝上会形成大气泡，如图 2-46 所示。然后慢慢倒胶，使其完全没过贝壳(螺)即可，最后静置一天让胶完全干透变硬，就可以将包埋标本脱出模具，如图2-47 所示。

贝壳类标本可以用单壳制作也可以用双壳制作，用热熔胶将双壳进行粘合即可，如图2-48 至图 2-50 所示。

贝壳(螺)因为本身质量比较小，所以在倒第二层胶时可能会出现标本上浮的情况。因此也可采取分三次倒胶进行，第二次倒部分胶保证标本不上浮，等第二层胶干透后再倒第三层胶，完全没过标本即可，但要注意每一次的调胶一定要调均匀，否则会出现分层或龟裂纹等现象。

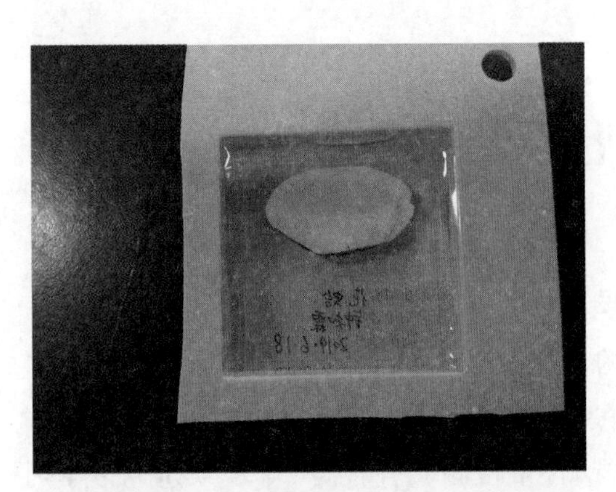

图 2-45　贝壳反面向上放入模具

图 2-46　放置错误形成气泡

图 2-47　脱出模具

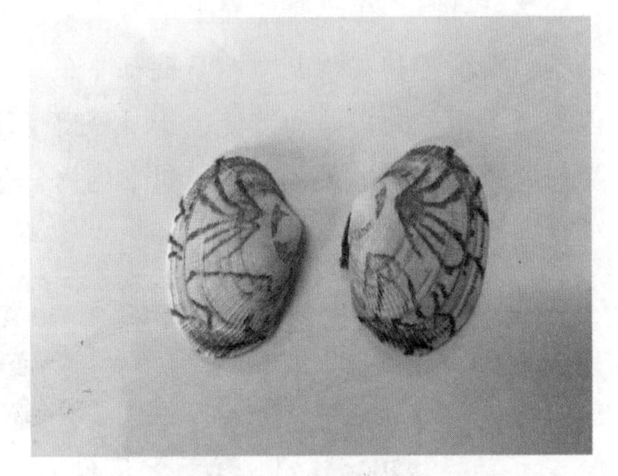

图 2-48　两片分开的贝壳

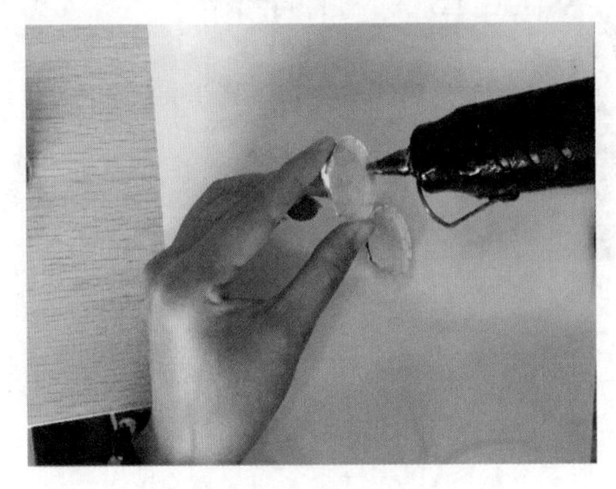

图 2-49　挤热熔胶

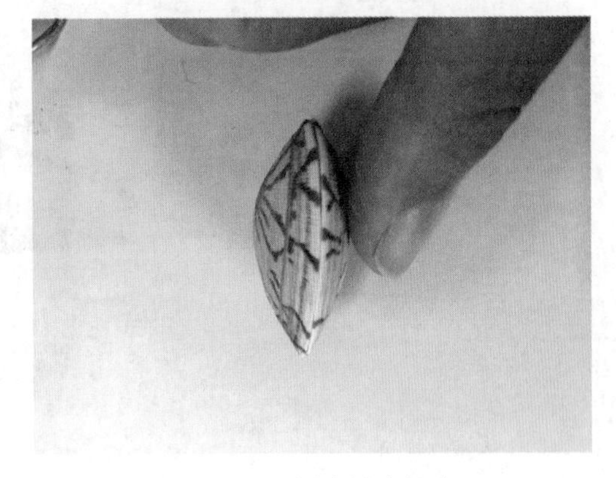

图 2-50　拼合贝壳标本

专题三　研究性学习

本专题先通过课程概述介绍了研究性学习的特点、学习的目的、实施的类型、实施的组织形式、实施的一般程序、实施的步骤以及需要注意的几个问题；然后对研究性学习的过程(选题指导、方案制定、过程指导和成果报告4个方面)进行了详细介绍。之后又列举了《海捕虾中焦亚硫酸钠含量检测实验报告》等5项研究性学习的过程及成果报告，帮助学生可以思路清晰地开展研究性学习活动。

学习目标：在研究过程中培养收集、分析和利用信息的能力；学会分享与合作，培养创新精神和实践能力；掌握基本的科学研究方法。通过对海洋问题的研究，获得与海洋相关的知识和技能，形成关于海洋的问题意识和解决问题的能力，了解人类与海洋和谐共生关系，形成科学的海洋价值观。

一、课程概述

研究性学习是指学生在教师指导下，从周边环境和生活中选择与海洋相关的内容，确定专题进行研究，并在研究过程中主动获取知识、应用知识、解决问题的学习活动。

（一）研究性学习的特点

研究性学习具有开放性、探究性和实践性的特点，是师生共同探索海洋新知的学习过程；是师生围绕所要解决的问题而共同完成研究内容的确定、研究方法的选择；也是学生为解决问题而合作和交流的过程。

开放性是指研究性学习主要围绕海洋方面问题的提出和解决来组织学生的学习活动。学习内容是综合开放的，没有特定的知识体系，而是来源于学生生活，立足于研究、解决学生关注的一些海洋问题。这极大依赖教材、教师和校外的各种海洋教育教学资源。研究性学习涉及的范围广泛，它可能是某学科的，也可能是多学科综合、交叉的；可能偏重于实践方面，也可能偏重于理论研究方面。在同一主题下，由于个人兴趣、经验和研究活动的需要不同，研究视角的确定、研究目标的定位、切入点的选择、研究过程的设计、研究方法、手段的运用以及结果的表达等可以各不相同，具有很大的灵活性，为学生、教师发挥个性特长和才能提供了广阔的空间，从而形成一个开放的学习过程。

探究性是指强调学生的自主性和主动性。在研究性学习过程中，学习的内容是在教师的指导下，学生自主确定的海洋方面的研究课题；学习的方式不是被动地记忆、理解教师传授的知识，而是敏锐地发现问题，主动地提出问题，积极地寻求解决问题的方法，科学地探求结论的自主学习过程。重视结果，但更注重学习过程，注重学习过程中学生的感受和体验。因此，研究性学习的课题，不宜由教师指定某个材料让学生理解、记忆，而是引导、归纳、选择一些需要学习、探究的问题。

实践性是指研究性学习强调理论与实际的联系，特别关注环境问题、现代科技、社会发展对海洋的影响等重大问题。教师要引导学生关注现实，亲身参与海洋方面的社会实践活动；重视创造性思维和能力的培养。同时，研究性学习的设计与实施应为学生参与海洋实践活动提供条件和可能。

（二）研究性学习的目的

研究性学习最根本的目的是改变教师的教学方式和学生单纯地接受教师传授海洋

知识为主的学习方式，从而培养学生的创新精神和实践能力。

开展研究性学习的具体目的有以下几项。

(1)获得亲身参与海洋研究的体验，形成善于质疑、乐于探究、勤于动手、努力求知的积极态度，产生积极情感。

(2)应用已有的知识与经验，学习和掌握一些科学的研究方法，培养发现问题和解决问题的能力。

(3)学会利用多种有效手段、通过多种途径获取信息，学会整理与归纳信息，并恰当地利用信息，培养收集、分析和利用信息的能力。

(4)学会分享与合作。

(5)培养认真、踏实的研究作风，实事求是地获得结论，尊重他人想法和成果，养成严谨、求实的科学态度和不懈追求的进取精神，形成不怕吃苦、勇于克服困难的意志品质。

(6)培养对社会的责任心和使命感，深入了解海洋对于自然、社会与人类的意义与价值，学会关注人类与海洋的和谐发展，形成积极的人生态度。

(三)研究性学习实施的类型

研究性学习实施的类型依据研究对象和内容的不同，大致分为主题研究类和专题研究类。

(1)主题研究类涉及的范围广、内容多，综合程度高，所需的研究时间长，在一个主题下，可以派生出许多相关的小主题。这类研究主要是以认识海洋和利用海洋的某些问题为目的，包括现状调查、科学实验和文献研究等。

(2)专题研究类所涉及的范围比较小，内容相对单一，有的类似于主题研究中的一个小主题。其内容可以来自社会实际，也可以来自科学命题。其中还包括一些如专题宣传设计、主题活动策划、某一设施设备的制作或改造的设计等。

(四)研究性学习实施的组织形式

研究性学习课程实施的主要组织形式有三种：小组合作研究、个人独立研究、个人研究与集体讨论相结合。

1. 小组合作研究

小组由兴趣爱好相近的3~6人组成，学生自选组长，自定课题，并聘请有一定专业背景的老师或校外专业人员为指导教师。研究过程中，小组成员分工明确，各展其长，相互帮助，相互协作。如图3-1所示，研究小组在西轩岛水产养殖场聆听导师讲解。

图 3-1　聆听导师讲解

2. 个人独立研究

对于个人独立研究的情况，教师提出一个或几个海洋方面的综合性研究课题，再由学生自定具体题目；也可以是学生在现实生活中选取、确立研究题目，并各自相对独立地进行研究，用几个月或一学期完成研究任务。

3. 个人研究与集体讨论相结合

该种形式指若干个学生围绕着同一主题开展海洋方面的研究活动。各自搜集资料、开展研究活动，取得初步结论后，再集体讨论，碰撞思维，以此相互推动，共同完成一个主题的研究。

(五) 研究性学习实施的一般程序

研究性学习实施一般分为三个阶段。

1. 准备阶段

本阶段一般可以开设讲座、组织参观、采访、查阅文献等，提供研究范围，做好背景知识的铺垫，激活学生的知识储备，诱发探究动机。教师指导学生建立研究小组，聘请校内外的专业人士共同参与研究，为学生的研究性学习提供帮助。学生积极分析和思考，进入问题情境状态，在自我学习和小组合作学习的基础上，归纳出研究的具体问题，确立基本的研究目标，拟定研究计划和活动方案。

2. 实施阶段

在明确了研究问题、确立了研究目标后，学生便进入具体分析和解决问题的研究阶段。这一阶段，学生通过个人研究、小组合作研究等形式，主动在实践中搜集和加工处理信息，以科学的态度和科学方法去研究解决实际问题。

3. 总结阶段

学生将自己或小组经实践、体验的收获进行整理、加工，形成书面或口头表达材料。成果的表达交流方式可以是撰写实验报告、调查报告、研究报告，也可以召开辩论会、答辩会、展示会以及编辑刊物、办板报等，使研究成果在全班或更大的范围得以发表。

以上三个阶段在研究过程中是不能截然分开且需交互进行的。

(六)研究性学习实施的步骤

研究性学习课程实施，包括选题、制定研究方案、课题研究的实施、结题与答辩等基本环节。

1. 选题

选题至关重要，它直接影响课题研究的成功与否。

(1)课题研究动员。由学校领导动员参与实验的学生，主要阐明课程的目的与意义，特别强调本课程在培养学生创新精神与实践能力、培养学生团体意识与合作能力方面的价值。

(2)课题研究经验介绍。包括以下三方面内容。

①由指导教师分别向学生介绍国内外学生课题研究的成功经验，特别是西方发达国家在培养学生研究能力方面的成功例子。

②请在小课题研究方面已取得较好成绩的学生介绍他们各自的经验，譬如如何选题、如何研究、如何写研究报告等。

③研究方法介绍，如"实验的设计与观察""文献资料检索"等。

(3)专家介绍。聘请在各个学科领域中有一定成就的专家学者，介绍当前国内外海洋科学研究的最新成就，目的是及时向学生介绍科学发展的前沿，这样不仅可以开阔学生的研究视野，还可以使他们了解当前海洋科学研究的现状，为学生自主选题做准备。

(4)学生自主选题。在教师指导下，学生根据自己的爱好与特长进行自主选题。学生所选的海洋方面的问题(课题)，不受学科的限制，可能是某一学科某一领域的问题，也可能涉及多个学科；可以是理论性较强、需要逻辑推断予以阐明的问题，也可能是实验性较强、需要科学实验才能解决的问题；可以是通过调查研究提出对策的课题，也可能是需要调查、实验、理论分析等综合研究的课题。总之，选题的过程，是学生发散性、开放性思维得以充分展示的过程。这一过程中，学生可以选择全新的课题，也可以是别人已经研究过的课题，但两者都强调课题研究本身的新颖性——选取一个新的研究视角，采用一种新的研究方法，提出一个新的观点等。

(5)可行性分析与选题过程的开放性相反，可行性分析强调学生所选择的问题是否具有研究的可能。这一阶段的工作大致包括以下几项。

①课题组的组织。在个人自主选题的基础上，个人题目内容相近的3~6名学生自愿组成一个课题研究小组，组长可推举产生。组长负责小组成员的研究分工以及与指导教师的联络。在组织课题组的过程中，既要考虑每个成员的兴趣，又要考虑他在组内分工负责的研究任务。

②小组课题的确立。小组讨论和论证组内每个人的题目和初步设计，最后形成本小组的研究课题。这一过程，要求每一小组查阅、收集与本课题有关的各种资料；掌握相关学科的基础知识，具体了解海洋领域的最新研究成果。

③指导教师的选聘。研究课题确立后，小组根据课题的主要研究内容，自行选聘校内教师作为指导教师，也可以选聘校外人士特别是涉海院校相关专业教师或海洋研究机构的研究人员。指导教师的作用在于从理论、研究程序与方法等方面提供指导与支持，但整个研究过程都由学生自行完成。

2. 制定研究方案

课题确立后，每个研究小组应认真讨论，共同拟定整个研究活动的计划，形成具体完整的研究方案。研究方案大致包括：课题名称、课题组成员、本课题目前的研究现状、研究的目的、研究的主要内容、研究的可行性分析、本课题拟创新之处、具体的实施步骤(研究进度计划)、成员分工、经费预算、主要参考文献等。

学生选定课题、拟定研究方案后，需要以班为单位组织方案评审。各研究小组选派一位代表向指导教师(评委组)和全班同学汇报，指导教师和全班同学均可提出问题，小组内各成员均可参与提问、回答。指导教师根据全班讨论的情况，对研究方案进行评价，或对研究方案提出建议和修改意见。明显不合理、难以实施以及没有充分准备的选题不予通过，研究小组重新讨论、修改，准备第二次报告。

3. 课题研究的实施

研究方案在获得通过后，即可按计划利用每周2课时的时间和其他课外时间分头实施。各小组提交的经费预算，经指导教师审核后，由学生自行购置所需器材、材料、资料等，不足部分由学校给予一定的经费支持。各小组成员在研究过程中，根据计划，既分工负责，又相互配合，体现分工与合作的统一。在整个研究过程中，指导教师既要为各研究小组成员提供咨询与指导，又要监控整个研究过程。由于这是一门完全以学生研究活动为中心的课程，指导教师的监控权体现在依据各研究小组所制定的研究方案定期检查研究进展情况，掌握和了解各小组的活动情况，及时解决发生的偏差和问题。此外，指导教师还需要检查各小组的阶段成果(特别是中期研究报告)，以便指导学生调整研究计划。

4. 结题与答辩

各研究小组在按计划完成课题研究后，需要写出课题研究报告，详细叙述研究思路、研究过程和研究所取得的成果。指导教师对学生的研究成果报告进行初步评审，符合基本要求的可准备参加班内的答辩，不符合要求的要进行修改。答辩由陈述、展示、提问、回答、评语五部分组成。在以班为单位的答辩过程中，各研究小组推选一至两名学生为主陈述人，在规定时间内，向全班同学和指导教师简要汇报在方案通过后的实施过程、主要分工情况，介绍所取得的成果以及研究过程中的主要收获。指导教师和其他同学就有关问题进行提问，可以要求小组推选回答人，也可以直接要求某一位组员回答。答辩的过程，实际是一个小型的学术讨论会，大家共同探讨该课题的价值、研究的成功之处、所存在的问题，以及后续研究所需要努力的方向等。

对于较优秀的研究成果(成品、报告、论文)，提交学校，由学校组织答辩会。必要时，可根据情况，组织校内外专家学者对其进行评估、鉴定，并给予一定奖励。学校推荐优秀的研究成果参加有关部门组织的评比活动，或交付相关报刊，予以发表。

(七)研究性学习在实施中要注意的几个问题

开展研究性学习要求学生必须走出课堂、走出校门，积极开展海洋实践活动。因此，学校必须加强组织和管理工作，对学生进行必要的安全教育，增强安全防范意识和自我保护能力；加强对学生在研究性学习活动过程中的指导和监控，做好记录，纳入评价内容；加强与学生监护人、社会相关部门的沟通和联系，共同负责学生在海水养殖、海洋环境监测等实践活动中的安全工作，确保学生的人身安全。

教师要及时、全面了解和掌握学生研究活动的进展情况，针对存在的实际问题进行指导、点拨、督促。特别是初次参加研究性学习活动的学生，教师要传授给他们一些研究性学习必须掌握的基本知识和方法，如观察、实验、调查的步骤要求，文献资料的查询和使用，研究报告的写法等。教师还要加强对有困难的小组和个别学生的指导和帮助，有计划地组织好形式多样的交流与研讨活动，公正、客观、准确地做好各阶段的总结评价工作，推动学生的研究性学习活动健康发展。

学生要认真完成个人承担的研究任务，及时做好研究情况、体验感受的记录，积极参加小组和教师组织的交流、研讨活动，敢于思考、善于申辩、去伪存真、由表及里地分析问题和解决问题。

二、选题指导

(一)研究问题的来源

研究性学习的研究问题主要源自社会和个体：个体从生活中获得，或与他人交流中获得；社会从海洋实践活动、媒体报道中获得。

1. 从生活中获得

学生根据自己生活和学习活动的需要，多参加海洋方面的实践活动，通过实践、认识、再实践、再认识，才能使自己的认识一步一步地由低级向高级发展，使自己的知识更广博，观察能力更敏锐，联想能力更丰富，思路更正确。研究性学习专题的选择才可能更具科学性、可行性、实用性、新颖性、创造性和正确性。

如某同学看到莲花洋近朱家尖南沙海域有红色潮流，于是产生疑问：红色潮流是不是赤潮？产生赤潮的原因是什么？如何减少赤潮影响等。在教师的指导下，这位同学经过深入研究，最终写出了研究论文《舟山赤潮的产生和影响》。

2. 从文献中发现

任何创造性思维都不是凭空臆想，它有坚实的基础。任何新成就的取得，都不是从天而降，它来自对前人成果的继承和发展。因此，对文献的调查特别重要。通过调查可以了解自己所探索领域的历史、现状及发展趋势，即了解前人在这些方面做了什么工作，取得了什么成果，还存在什么问题，还有什么科学探索研究的思想和方法可供借鉴。以此作为发现和提出问题，最后确定专题的依据。从文献调查中还可以了解该领域所存在的争论性问题，解决这些争论性问题的现实意义，如果自己对其中某一问题进行过比较深入的探索，而且有一定的心得，并具备一定的继续研究的条件，就可将这一问题选为自己将要研究的专题。

文献调查，是站在前人的肩膀上回顾、展望，有勇气发现、研究前人刚刚开始接近但还没有解决，甚至还没有提出的问题。这是通过文献调查选题的一个重要思想。

3. 专家咨询

确定研究性学习研究专题的同时，还可以请教有关专家。他们经验丰富，知识渊博，熟悉本领域的现状和前沿，他们知道自己研究的领域内亟待解决的问题。向他们咨询，可以获得许多启迪，找到自己可以研究和想要研究的专题。

4. 学术交流

通过学术交流，一方面可使自己研究的专题获得他人的帮助，得到肯定、否定或质疑的具体意见；另一方面，也是向别人学习的极好机会。学生可以学习、借鉴别人的选题方法，了解有关海洋科技信息。有些专题对某一学科来说可能处于中心地位，而对另一学科则可能处于边缘位置，利用这种边缘性可能衍生的其他问题，甚至遗留问题，这也是一种常用的选题方法。因为这些问题很可能就是学生感兴趣并具备探索研究能力和研究条件的专题。

5. 实践活动

实践活动的种类很多，如海洋科考、科技实践、海岛采风等，从中发现可以研究的问题，如海水养殖、潮间带生物生长、某类海洋生物的生存现状等，在海洋专家或教师的指导下，确立课题进行研究。如图 3-2 所示为学生在浙江省海洋水产研究所参观海水油类检测实验，以确定研究问题。

图 3-2　学生在浙江省海洋水产研究所参观

(二)研究课题的定位

现实问题具体到什么程度、具有什么特征才可以成为研究的课题，很多学生对此无法进行明晰的界定。在此，介绍一种定位研究问题的方法——细分法，即将研究对象一直细分下去，直至不能再分为止。诚然，细分的路径是多向的，角度不同细分的路径就会不同。如鱼按生活在水中的深度分深水鱼和浅水鱼，我国的三大深水鱼为大黄鱼、小黄鱼和带鱼，黄鱼生活在 2500 m 以下的深水层，而大黄鱼按食物来源分野生大黄鱼和养殖大黄鱼。研究养殖大黄鱼，题目可以是某种消毒液对其生长的影响，也可以是大黄鱼的饵料、储藏、营养价值、身体结构等，细分至此，研究对象已非常明确，如《某消毒液对大黄鱼生长的影响》《大黄鱼的喂养实验》，这两个课题是适合学生开展研究的。

（三）如何将问题转化为课题

不是所有的问题都可以转化为研究课题，这之间的转化需要哪些条件？问题转化为课题的基本要求包括：科学性、实用性、可行性。

科学性指研究对象是否符合科学原理或事物发展的规律，如鱼的发育是有规律的，饵料喂养也得循序渐进。

实用性是指是否具有现实意义，是否为现实生活、学习所需要。如研究人员养殖曼氏无针乌贼，为了改善舟山海域乌贼产量锐减的现象，通过增殖放流，提高乌贼产量，改善居民饮食结构。

可行性又可细分为人力、物力、财力、时间。人力包括研究兴趣、基础知识和能力、合作伙伴、指导教师专长；物力包括研究地点、实验设施设备（研究地点要近，研究设施要齐全）；财力包括资料费、调研费、交通费、实验费等；时间包括研究时间、实验或收集资料时间、撰写报告时间、教师指导时间（学生的研究周期一般不少于两个月）。

可行性分析是判断问题转化为课题的难点，需要引导学生从人力、物力、财力、时间上多方面分析。

在分析问题转化为课题时，可以小组为单位，开展讨论，填写表 3-1，进行判断并最终得出结论。

表 3-1 第____ 小组问题卡

小组成员	
问题	1.
	2.
	3.
科学性	
实用性	
可行性	
结论	

从“问题”到“课题”，必须具备三个基本条件，即科学性、实用性、可行性，缺一不可。在命名课题时，要明确研究范围、研究方法和研究对象。如《西轩岛潮间带生物分布情况的考察报告》，研究对象为西轩岛潮间带生物；研究范围为“西轩岛潮间带”；研究方法为“考察”。

三、方案制定

(一)方案的要素

研究性学习按研究内容和方法可以分为社会调查类、科学实验类、设计制作类等。作为研究方案，其要素一般包括：课题的名称，目的、意义，指导思想，目标和假设，基本内容，步骤和进度，研究方法和资料获取途径，研究的成果形式，组织机构和人员分工。

1. 课题名称

课题名称，即课题的标题，一般包含研究范围、研究方法和研究对象三要素。那么，如何给课题命名呢？

(1)名称要准确、规范。准确就是课题名称要交代清楚方案研究的问题是什么，研究的对象是什么。课题名称一定要和研究的内容相一致，不能太大，也不能太小，要准确地将研究的对象、问题概括出来。

规范就是所用的词语、句型要规范、科学，似是而非的词不能用，口号式、结论式的句型不要用。因为所进行的是科学研究，要用科学的、规范的语言表达思想和观点。

如“消除不良影响，提高大黄鱼繁殖能力”，若是一篇经验性论文，或是一则新闻报道，采用这个标题尚可，但作为课题名称则不妥。因为课题就是要解决的问题，这个问题正在探讨，才开始研究，不能有结论性的语气。若改为“消除对大黄鱼繁殖能力不良影响的策略研究”则较为妥当。

(2)名称要简洁，不能太长。不管是论文或者方案，课题名称都不宜太长，能不要的字就尽量不要，最长一般不超过 20 字。

2. 研究的目的、意义

研究的目的、意义也就是为什么要研究、研究它有什么价值。一般可以从现实需要去论述，指出现实中存在这个问题，需要去研究、去解决，本方案的研究有什么实际意义。然后，再写方案的理论和学术价值。这些都要写得具体，有针对性。

3. 研究的指导思想

课题研究的指导思想就是在宏观上应坚持什么方向，符合什么要求等。这个方向或要求可能是哲学、数学、自然科学、政治理论，也可以是科学发展规划，或有关研究问题的指导性意见等。

4. 研究的目标和假设

方案研究的目标和假设是课题最后要达到的具体目标，要解决哪些具体问题。相对于目的和指导思想而言，研究目标和假设是比较具体的，不能笼统地讲，必须清楚地写出来。只有目标明确、假设具体，才能明确研究的具体方向、研究的重点分别是什么，思路才不会被各种因素所干扰。

5. 研究的基本内容

有了方案的研究目标和假设，就要根据目标和假设来确定这个方案具体要研究的内容。相对研究目标和假设来说，研究内容要更具体、更明确，并且一个目标和假设可能要通过几方面的研究内容来实现，它们不一定一一对应。学生在确定研究内容的时候，往往考虑得不是很具体，写出来的研究内容特别笼统、模糊，把研究的目的、意义当作研究内容，这不利于整个课题研究。

6. 研究的步骤和进度

研究的步骤和进度要充分考虑研究内容的相互联系和难易程度。

一般情况下都是从基础问题开始，分阶段进行，每个阶段从什么时间开始、到什么时间结束都要有规定。

7. 研究方法和资料获取途径

研究方法很多，包括历史研究法、调查研究法、实验研究法、比较研究法、理论研究法等。但在研究性学习中的研究方法，用得最多的是受控对比实验法和社会调查法。一个大的专题往往需要多种方法，小的专题可以主要采用一种方法，同时兼用其他方法。

在应用各种方法时，一定要严格按照方法的要求，不能只凭经验、常识。例如，要通过调查了解情况，如何制定调查表，如何进行分析，都不是随随便便列一些数据、表格就可以的。

研究资料的获取途径很多，包括文献调查、考察调查、问卷调查、设计并进行实验、科学观测等。主要采用哪些途径获取资料，一定要经过充分的论证。

8. 研究的成果形式

研究的成果形式包括报告、论文、发明、软件、课件等多种形式。课题不同，研究成果的内容、形式也不一样。但不管是什么形式，课题研究必须有成果。否则，这个课题就没有完成。

9. 研究的组织机构和人员分工

在集体性的研究方案中，要写出专题组组长、副组长，专题组成员及分工。专题组组长就是本专题的负责人。如图 3-3 所示，某专题组参观浙江省海洋水产研究所展厅。

图 3-3　参观浙江省海洋水产研究所

专题组的分工必须明确合理，争取让每个人都了解自己的工作内容和责任。但在分工的同时，也要注意全组人员的合作，大家共同研究，共同商讨，克服研究过程中的各种困难和问题。

（二）调查方案与研究方案的比较

与海洋相关的研究性学习活动，可以是社会调查类，也可以是科学研究类，如《沈家门夜排档搬迁后的经营情况调查》和《高锰酸钾消毒液对曼氏无针乌贼生长的影响》。两类研究性学习方案略有差异，主要表现在研究方法，因为研究方法不同，在研究步骤的表述上也不同。

《沈家门夜排档搬迁后的经营情况调查》方案要素包括：调查背景、调查目的、调查内容、调查方法（采访法、问卷调查法、实地考察法）、调查步骤、组织成员及分工、预期成果及表达形式。

《高锰酸钾消毒液对曼氏无针乌贼生长的影响》方案要素包括：研究背景、研究目的、研究内容、研究方法（实验法、观察法、文献法）、研究步骤、组织成员及分工、预期成果及表达形式。

1.《沈家门夜排档搬迁后的经营情况调查》调查步骤

（1）准备阶段包括：组建课题组，落实分工；撰写方案；设计采访稿；设计消费者问卷；查阅资料，了解沈家门夜排档搬迁前的情况。

（2）实施阶段包括：实地考察，摄影记录；发放问卷，向 50 位消费者发放调查问卷；采访管理人员，了解夜排档历史、现状、问题及对策；采访经营者，了解经营现状、问题及建议。

(3)总结阶段包括：收集信息，归类分析；撰写报告；提交指导教师修改；上交评审。

2.《高锰酸钾消毒液对曼氏无针乌贼生长的影响》研究步骤

(1)准备阶段包括：组建课题组，落实分工；撰写方案；提出假设(30%浓度的高锰酸钾消毒液适合曼氏无针乌贼生长)；设计实验；设计采访稿。

(2)实施阶段包括：开展等组实验，做好观察记录；实地考察曼氏无针乌贼养殖池，观察养殖环境；采访研究人员，了解养殖条件、现状及放流情况；查阅文献，了解曼氏无针乌贼身体结构、营养价值、养殖环境等。

(3)总结阶段包括：收集信息，归类分析；撰写报告；提交研究人员和指导教师修改；上交评审。

四、过程指导

(一)信息收集

研究信息的收集，离不开研究方法的应用，不同的研究方法，其收集信息的方式也不同，现以常用的方法为例，如问卷调查、采访、考察、实验、观察、文献查阅等。

1. 问卷调查

调查问卷包括标题、称呼、卷首语、问题(选择题、简答题)、设计者、设计时间。标题简明扼要，让人一目了然。

(1)卷首语包括问卷发放目的、结构、对被调查者的完成要求、感谢词。

(2)问题是问卷的主体，可以分卷一、卷二两部分。卷一是被调查者的信息，3~5题，卷二是调查问题，与调查主题相关；学生卷10题左右，成人卷30题左右；问卷发放量应在100份以上，为统计方便，发放量以10的倍数为宜；问题的题干表述应中性，勿产生歧义，答题可采用开放式、半封闭式、封闭式(封闭式选项必须在3项及以上)等。

(3)问卷的回收率，一般需达到70%以上，才可以作为研究结论的依据；若不足，需再做一些补充调查。

2. 采访

采访前，根据调查目的确定合适人选，以书信或电话，甚至到单位提前预约，准时采访；同时准备好采访稿，采访问题3~5个，不宜过大或过难，让对方能回答，且能回答完整即可。采访时采用笔录或录音，能否录音要经对方同意，也可以向对方提供相关资料(表3-2)。

表3-2　采访记录表

访谈主题				
访谈日期	年　月　日		访谈地点	
访谈目的				
访谈对象		工作单位		联系电话
访谈员				
访谈问题				
访谈记录				
访谈结果				

3. 考察

考察前要做好相关准备工作，如联系考察地负责人或管理者，约定时间；带好所需装备；一些必备的生活用品；其他安全保障物品等(表3-3)。考察时重点察看与调查主题相关的地点，做好记录和摄影。

表3-3　考察记录表

考察目的			
考察地点		人员分工	
考察人员			
考察记录			
活动反思			

4. 实验

实验按其所希望达到的目的，可做如下划分：为了判定某种假说是否正确的判决实验；创设一定的条件来达到某一目的的探究实验；为了寻找引起某些变化或结果的原因的因果实验；两个或两个以上的相似组群进行比较的比较实验；测定各组成成分之间的数量关系的定量实验。

无论哪种实验，都需要设计好方案，规划实验步骤，以便更有针对性地开展实验研究。通常情况下，实验设计方案不是单一的，而是两个或以上，并需要研究中进行误差控制，收集真正有用的信息。

5. 观察

活动过程中离不开观察，同时应做好记录。观察点因研究目的和内容而定，因此，要制订观察计划、设计观察表。观察的同时要摄影、记录，必要时可以与文本对照。例如在《消毒剂浓度对锈斑蟳生长存活的影响的研究》中，通过观察不同浓度消毒剂对锈斑蟳生长存活的影响的实验，可以制作出实验观察记录表(表 3-4)，以留作实验文档。

表 3-4　不同浓度消毒剂对锈斑蟳生长存活的影响的实验观察记录表

溶液种类及浓度		锈斑蟳存活数量及状况			
		1 h 后	12 h 后	24 h 后	48 h 后
甲醛溶液	0.01%	3 只存活且正常	3 只存活且正常	3 只存活且正常	3 只存活且正常
	0.1%	3 只存活且正常	3 只存活且正常	3 只存活且正常	3 只存活，但行动迟缓
	1%	3 只存活且正常	3 只存活，但行动迟缓	1 只存活，但状态呆滞	全部死亡
高锰酸钾溶液	0.001%	3 只存活且正常	3 只存活且正常	3 只存活且正常	3 只存活且正常
	0.01%	3 只存活且正常	3 只存活且正常	3 只存活，但行动缓慢	2 只存活，但行动迟缓
	0.1%	3 只存活且正常	3 只存活，但行动迟缓	2 只存活，但状态呆滞	全部死亡

6. 文献查阅

一般可通过对相关领域的期刊(电子期刊)进行关键词检索。如《大黄鱼育苗饲料的适口性研究》，我们需要检索大黄鱼苗的喂养饲料。大黄鱼育苗饲料主要为桡足类、轮虫和卤虫，每一类饲料的特性、身体结构、养殖环境、技术要求都需要收集整理。

(二)数据处理

数据处理或信息分析，主要帮助学生掌握定性分析和定量分析两种方法。

1. 定性分析方法

定性分析是指用语言描述形式以及哲学思辨、逻辑分析揭示研究对象特征的信息分析、处理方法，研究性学习活动成果多属于定性分析报告。教师要让学生较全面地了解定性分析方法的具体应用、主要特点和结果呈现。

1)定性分析的一般思维方法

(1)分析和综合。分析是指将研究对象在思维活动中分解成各个组成部分或要素，然后分别加以考察和研究，从而揭示事物的属性和本质的思维方法。分析的方法属于从整体到局部的方法。综合则是指在分析的基础上，将研究对象的各个组成部分或要素在思维中重新结合为一个整体，从而从整体上把握事物的本质和规律。

(2)抽象和概括。抽象是指根据对象和问题的特点，通过分析、比较事物的各种属性，撇开问题中次要的、非本质的因素，抽出主要的、本质的因素加以考察研究的思维方法。概括是指从某些具有相同属性的事物中，抽出共同的本质属性，再推广到具有这些相同属性的一切事物中，形成这类事物的普遍概念的思维方法。人们在构建理想模型、形成理想过程、进行理想实验的过程中，运用的思维方法主要是基于抽象和概括的方法。

(3)归纳和演绎。归纳的方法就是从特殊到一般的思维方法。演绎的方法则是由一般到特殊的思维方法。

(4)类比和假设。类比是根据两个或两类对象在某些属性上相似而推出它们在另一个属性上也可以相似的思维方法。假设是指对客观事物或某种现象的假定的说明。假设要根据事实提出，如果经过实践证明是正确的，就成为理论。

2)定性分析方法的主要特点和结果呈现

(1)定性分析关注的是事物发展的过程以及相互关系，突出研究对象的整体性、发展性和综合性。

(2)定性分析的对象是关于事物固有的性质、特征和内部联系等的描述性内容。因此，定性研究有时也叫质的研究。

(3)定性分析无严格的分析程序，有较大的灵活性和变通性，这意味着学生可以对原来设定的方案不断进行修改和调整。

(4)定性分析的方法主要采用归纳逻辑分析方法和哲学思辨方法，与定量分析方法有本质的区别。

(5)定性分析容易受主观因素的影响，而且对研究的背景具有敏感性。这意味着分析者的主观因素会影响结果的客观性，不同情境会导致不同的结果。

2. 定量分析方法

定量分析是指用数值形式以及数学、统计方法反映研究对象特征的信息分析、处理方法。旨在把握事物量的规定性，客观、简洁地揭示研究对象重要的可测特征。

1)描述统计

描述统计是研究性学习活动中进行定量分析的最常用的工具之一。具体有统计表、统计图、集中量、差异量等。

常见的统计表有双项表和三项表，根据数据所依据的研究对象的特征数目的不同，可分为单项表、双项表和三项表。

统计图，具有形象直观、令人印象深刻的特点。

(1)条形图，常用来比较性质相似的间断性资料，可以是直条图，也可以是横条图。

(2)圆形图，表示间断性资料的构成比例，有平面、立体、分块几种。

(3)折线图，以曲线的高低和斜度等形态来表现统计资料。

集中量，是对数据进行定量分析的一组基本量，它代表一组数据的典型水平或集中趋势的量，反映研究对象整体的状态水平。集中量可用来进行组间比较，组内的个体也可参照集中量了解自己的位置。常用的有众数、中位数、平均数等。众数是一组数据中出现次数最多的那个数；如果数据的个数为奇数，则中间的数为中位数；如果数据的个数为偶数，则是最中间的两个数的平均值。

简单的算术平均值主要用于未分组的原始数据。设一组数据为 x_1，x_2，…，x_n，简单的算术平均数的计算公式为

$$M = \frac{x_1 + x_2 + \cdots x_n}{n}$$

加权算术平均值主要用于处理经分组整理的数据。设原始数据被分成 n 组，各组的组中值为 x_1，x_2，…，x_n，各组的频数分别为 f_1，f_2，…，f_n，加权算术平均数的计算公式为

$$M = \frac{x_1 f_1 + x_2 f_2 + \cdots x_n f_n}{f_1 + f_2 + \cdots + f_n}$$

差异量代表的是一组数据变异程度或离散程度的量，反映研究对象的群体的离中趋势，即分化的程度。差异量越大，群体成员之间的分化程度就越高。差异量分绝对差异量和相对差异量两种。

绝对差异量常用的是方差和标准差。方差是各数值与平均数之间差值的平方和的平均数。方差的算术平方根称为标准差。方差的计算公式

$$s^2 = \frac{1}{n}[(x_1 - x)^2 + (x_2 - x)^2 + \cdots + (x_n - x)^2]$$

标准差的计算公式

$$s = \sqrt{\frac{(x_1 - x)^2 + (x_2 - x)^2 + \cdots + (x_n - x)^2}{n}}$$

由于标准差是性质优良的差异量，在统计学中得到广泛的应用。

2)推断统计

凡是高级的统计分析，或者使研究成果更具科学性，掌握推断统计的方法是不可缺少的。由于用于推断统计的资料属于样本资料，是从总体中以一定的方法随机抽取的一定数量对象的资料，它对总体具有随机性，所以由样本获得的结果对总体而言并

不是绝对可靠的，总带有一定的不确定性，这种不确定性的程度，可以用概率的大小来表示(表 3-5)。第一，小概率事件，是指概率非常接近于零的事件，假设检验正是运用“小概率事件的实际不可能”这一原理来判断的。第二，推断统计的显著水平与显著意义。显著水平是推断统计中经常使用的一个重要术语，在统计学上习惯采用两种显著水平，即 $P \leq 0.05$ 和 $P \leq 0.01$，概率数值越大，则显著水平越低，越容易保留零假设。

表 3-5　差异显著性的判断

P 值	差异的意义	判断
$P>0.05$	差异不显著	保留零假设
$0.01<P\leq 0.05$	差异显著	拒绝零假设
$P\leq 0.01$	差异极其显著	拒绝零假设

除上述两种统计方法外，课题研究还会经常用到其他数据处理方法，如 t 检验等，在此不再赘述。如图 3-4 所示，学生在浙江省海洋水产研究所的实验室听导师讲解实验数据的分析。

图 3-4　学生听导师讲解

五、成果报告

(一)成果书写

在研究性学习活动中取得的研究成果，一般来说，有观察报告、调查报告、实验报告、科技论文等类型。

1. 观察报告

要写出高质量的观察报告，必须进行有效的观察活动，而有效的观察活动，除需要正确的观点指导外，还需有明确而具体的观察目的、关于观察对象的一定相关知识、对客观事物的分析和综合能力，以及记录和整理材料的具体办法等。

观察报告的格式一般分标题、前言、正文和结尾四部分。

(1)标题要明确。观察什么应标出来，让人一看标题便能大致了解观察的对象。

(2)前言是文章的开头部分。主要写出观察目的和计划，其次是写明观察的时间、地点、对象、范围、经过和可能取得的第一手技术资料的测定及记录方式等。

(3)正文是文章的核心部分。这一部分首先要对观察得到的各种第一手资料进行叙述，然后分类进行归纳、整理。有些情况和数据尽可能以表格表示。最后将归纳、整理的情况进行分析和综合，得到客观事物的正确的运行规律。

(4)结尾是观察报告的结束语。该部分常从理论角度，总结被观察的客观事物的运行规律，并与传统理论进行比较，是否验证或有弥补、创新之处。

首先，需要注意的是，观察报告是一种科学研究的报告，必须真实可靠。无论是观察到的现象还是过程、数据等，都必须准确、无误、真实可靠。

其次，观察报告应有客观的态度。无论是记录事实，还是叙述结论，都要忠实于客观实际，不应掺入自己的感情，更不能用自己主观的判断去代替或改变客观的现象，而应力求写出事实的本来面目。

第三，观察报告的结论应从实际出发，有结论就写结论，得不出结论的，也不能随便下结论。

2. 调查报告

调查报告包括调查背景、调查目的、调查内容、调查方法、调查过程及分析、调查结论或问题与建议。

(1)调查背景 200 字左右，交代清楚原因、意义，原因可以是现象、故事、典故等，意义即研究后所带来的理论与实践价值。

(2)调查目的指调查后要达成的目标，一般分知识、技能、情感等予以表述，尽量量化，具有可操作性。

(3)调查内容即调查从哪几方面采集信息，一般从现状、问题、建议三方面去收集信息，分点表述，采用短语式。

(4)调查方法需要列举一下过程中所涉及的方法，一般为问卷调查、采访、查阅、实地考察、座谈等方法。

(5)调查过程及分析，这是报告的主体，至少一半的笔墨落在此处，可以按方法写、按时间分阶段写，也可以将内容归类分块陈述。多数学生按时间、方法写，按内容归类陈述，要求较高，执笔者需有一定能力，熟知材料，表述时数据尽量用图表，必要时插入图片。

如《国际水产城新市场开市对当地居民影响的调查》，其内容包括地理位置、开市背景、水产城对居民的影响。而水产城对居民的影响包括当地居民的认识反馈、当地居民的购物反馈。这部分运用了问卷调查。

【例】采访当地居民、商家购物者问卷及结果初步分析

行人问卷

(一)选择题

第一题：您目前的职业是什么？

A. 个体　B. 机关或事业单位工作人员　C. 企业员工　D. 其他

选择个体或其他的顾客较多，占据了80%左右。

第二题：您认为国际水产城新市场开业对您的生活有何影响？

A. 生活更丰富　B. 更富现代气息　C. 不影响

约20%的受访者选择了使生活更丰富，约20%受访者选择了不影响。

第三题：您一般一年去几次水产城？

A. 1~2次　B. 3~4次　C. 5次及以上　D. 0次

令我们惊讶的是，40名顾客不约而同地选择了1~2次。

第四题：您去水产城主要是为了什么？

A. 看电影　B. 买水产品　C. 和他人一起吃饭　D. 其他

有14名顾客选择了看电影，有21名顾客选择了买水产品，有5人选择和他人一起吃饭。

第五题：您倾向于购买哪类商品？

A. 干品　B. 活鲜　C. 海鲜冻品　D. 工艺品

顾客倾向于购买鲜品，游客以干品为主，行人很少去购买工艺品。

第六题：您会再次光临水产城吗？

A. 会　　B. 不确定　　C. 不会

(二)简答题

第一题：您对水产城的新市场开业有什么看法？

1. 有了更多的娱乐空间，不局限于上街购物和网上团购

2. 海产品丰富

3. 商场里更有气氛

第二题：您认为舟山国际水产城在哪些方面还需要改进？

分析：调查显示，去水产城游逛的人们大多是远离广场周围的个体或其他职业者。人们普遍认为水产城新市场开业为他们的生活增添了色彩，使他们有消遣和娱乐的地方。人们每月去水产城的次数不多，并且去的目的各式各样，买海产品、看电影、闲逛、吃饭……可见水产城新市场开业对他们的生活娱乐方式产生了一定的影响。

商家问卷

(一)选择题

第一题：您认为冰鲜、活鲜及贝类水产品哪种销售量最高？

A. 冰鲜　B. 活鲜　C 贝类水产品

第二题：在精品交易区，您认为是本地人购买人多还是外地人多？

A. 本地人　B. 外地人

第三题：您认为一年中交易的高峰期是哪个时间段？

A. 春季　B. 夏季　C. 秋季　D. 冬季

第四题：在交易人群中，是个人来得多，还是团队居多？

A. 个人　B. 团队

(二)简答题

第一题：舟山国际水产城新市场开业前后，您经营的水产品交易量有什么变化？

第二题：请您谈谈水产品交易的前景，交易量的变化主要受什么影响？

【分析】商家普遍认为水产城新市场开业会为他们的生意提高交易量，随着水产城在人们心中的影响力的扩大，水产城将迎来更美好的前景。不过这也要依靠政府的支持和宣传，并要有得力的具体措施。

行人问卷共发放40张，收回40张；商场问卷共发放40张，收回40张。虽然过程略有波折，但最后圆满地完成了任务。

(6)调查结论或问题与建议，即调查结论、问题与建议两者可取其一，如果结论能用一段话概括时，以调查结论要言概之；如果问题、对策较多，则列出大点，详尽表述，先分点列问题，后针对性提对策、建议。

3. 实验报告

实验报告主要包括实验背景、实验假设、实验目的、实验过程、实验结论等。也有以实验为主的研究报告，要素包括研究背景、研究目的、研究内容、研究过程、研究结论、思考与建议等。

(1)实验背景是交代实验开展的原因，可以是故事、现象、典故、问题等，后面加引语，概括开展本实验的意义。

(2)实验假设是指实验前，先对自变量与因变量之间的关系进行推断，能量化的尽量量化。

(3)分点写明实验要达成的实验目的，要量化、细化，可操作。

(4)实验过程，在一般情况下，验证实验往往不是单一的，如果只有一个自变量，验证实验至少安排两个以上。实验类型分等组、单组、混合，每组实验应包括准备、实验步骤、实验结果，每一步骤要观察、要记录、要配图，结果明确，越详细越好；几个实验一一按序表述清楚。以《脊尾白虾的抗盐性研究》为例进行简要说明。

第一个实验

(1)将 400 mL 清水加盐成为饱和食盐水。

(2)准备四个透明塑料容器，往四个容器内分别注入 10 mL，20 mL，30 mL，40 mL 的饱和食盐水，然后向容器内添加清水，直至 200 mL。

(3)向上述容器里分别放 10 只脊尾白虾。

(4)观察并记录：在相同时间段后，脊尾白虾的死亡只数和活动情况。实验结果见表 3-6。

表 3-6 实验结果

	第一组(10 mL)	第二组(20 mL)	第三组(30 mL)	第四组(40 mL)
5 min	行动良好	行动良好	行动良好	行动良好
10 min	行动良好	行动良好	行动良好	行动稍缓
20 min	行动良好	行动良好	行动稍缓	行动较缓
40 min	行动良好	行动稍缓	行动较缓	行动缓慢
1 h	行动稍缓	行动较缓	行动缓慢	死亡 1 只，其余行动很缓慢
2 h	行动较缓	行动缓慢	死亡 2 只，其余行动很缓慢	死亡 4 只，其余行动极缓慢
3 h	行动缓慢	死亡 2 只，其余行动很缓慢	死亡 3 只，其余行动极缓慢	死亡 5 只，其余基本不动

续表

	第一组(10 mL)	第二组(20 mL)	第三组(30 mL)	第四组(40 mL)
5 h	死亡2只，其余行动很缓慢	死亡3只，其余行动极缓慢	死亡4只，其余基本不动	死亡7只，其余只剩触须在动
6 h	死亡7只，其余只剩触须在动	死亡8只，其余只剩触须在动	全部死亡	全部死亡
最后一只死亡时间	15 h			

第二个实验

(1)将200 mL清水加盐成为饱和食盐水，然后再加200 mL清水，成为1/2饱和食盐水。

(2)准备四个透明塑料容器，往四个容器内分别加入10 mL，20 mL，30 mL，40 mL的1/2饱和食盐水，然后往里添清水，直至200 mL。

(3)向上述容器里分别放10只脊尾白虾。

(4)观察并记录；在相同时间段后，脊尾白虾的死亡只数和活动情况。实验结果见表3-7。

表3-7　实验结果

	第一组(10 mL)	第二组(20 mL)	第三组(30 mL)	第四组(40 mL)
5 min	行动良好	行动良好	行动良好	行动良好
10 min	行动良好	行动良好	行动良好	行动良好
20 min	行动良好	行动良好	行动良好	行动稍缓
40 min	行动良好	行动良好	行动稍缓	行动稍缓
1 h	行动稍缓	行动稍缓	行动稍缓	行动较缓
2 h	行动稍缓	行动稍缓	行动较缓	死亡1只，其余行动较缓
4 h	行动稍缓	死亡1只，其余行动稍缓	死亡1只，其余行动较缓	死亡2只，其余行动较缓
6 h	死亡1只，其余行动较缓	死亡1只，其余行动较缓	死亡2只，其余行动较缓	死亡3只，其余行动缓慢
12 h	死亡2只，其余行动缓慢	死亡3只，其余行动缓慢	死亡4只，其余行动缓慢	死亡6只，其余行动缓慢
最后一只死亡时间	26 h			

第三个实验

(1)将 100 mL 清水加盐成为饱和食盐水，然后再加 300 mL 清水，成为 1/4 饱和食盐水。

(2)准备四个透明塑料容器，向四个容器内分别注入 10 mL，20 mL，30 mL，40 mL 的 1/4 饱和食盐水，然后往里添加清水，直至 200 mL。

(3)向上述容器里分别放 10 只脊尾白虾。

(4)观察并记录在相同时间段后，脊尾白虾的死亡只数和活动情况。实验结果见表 3-8。

表 3-8 实验结果

	第一组(10 mL)	第二组(20 mL)	第三组(30 mL)	第四组(40 mL)
5 min	行动良好	行动良好	行动良好	行动良好
10 min	行动良好	行动良好	行动良好	行动良好
20 min	行动良好	行动良好	行动良好	行动良好
40 min	行动良好	行动良好	行动良好	行动稍缓
1 h	行动良好	行动良好	行动稍缓	行动稍缓
2 h	行动稍缓	行动稍缓	行动稍缓	行动较缓
4 h	行动稍缓	行动稍缓	行动较缓	死亡 2 只，其余行动较缓
6 h	行动较缓	死亡 1 只，其余行动较缓	死亡 1 只，其余行动较缓	死亡 2 只，其余行动缓慢
12 h	死亡 1 只，其余行动缓慢	死亡 2 只，其余行动缓慢	死亡 3 只，其余行动缓慢	死亡 4 只，其余行动缓慢
最后一只死亡时间	44 h			

第四个实验

(1)将 10 只虾放入一盆清水中。

(2)计算第一只虾死亡所耗时间和最后一只虾死亡所耗时间的平均值。实验结果见表 3-9。

表 3-9 实验结果

	第一只虾	最后一只虾
死亡时间	22 h	68 h
平均值	45 h	

> 实验免不了失败，如：
> 将虾放入 400 mL 饱和食盐水中，虾在 75 min 后，全部死亡；
> 将虾放入 400 mL 的 1/2 饱和食盐水中，虾在 130 min 后，全部死亡。

(5)实验结论，是对实验假设的回应，假设成立与否，通过系列实验最终得出结论。如果是研究报告，后面可加思考与建议，反思研究活动，发现问题，提出建议，展望下一步行动，使成果更有价值。

4. 科技论文

科技论文，通常有三种来源。一是就海洋相关的某一自然现象或科学问题进行探究而形成的小论文，探究的方法以实验为主，也包括实地考察、查阅文献等，论文一般由问题或现象表述、探究过程、探究结论、启迪几部分组成；二是改写内容简略的研究报告，有的研究报告，因部分内容未及时采集或开展实验，只能改写成科技小论文，突出实验，辅以文献；三是科技发明或科技活动的说明性文本，如《朱家尖梭子蟹的围塘养殖》，对梭子蟹的养殖类型、蟹种选购、生长发育、营养处方、养殖水质、病害预防、围塘养殖场的条件、饲料及喂养逐一说明，最后得出结论。

(二)成果答辩

为引导学生养成科学严谨的研究态度，规范成果书写，提高报告质量，学校可以组织成果答辩会。

1. 答辩程序

(1)上交成果。按学校通知规定的时间，收集学生的研究性学习成果，然后组织年级段(全校)评比，遴选出一批参加答辩的成果，予以公示，并通知答辩小组按要求做好准备。

(2)确定答辩人员。每项成果一般安排 3 名代表出席答辩，制作好幻灯片，包括视频，撰写发言稿，参加人员在答辩前务必充分熟悉成果。

(3)组建评委。学生组成群众评委，一般为每班 1 名代表；教师评委 3 位，最好是综合实践活动专职教师。

(4)答辩流程。各答辩小组抽签决定顺序，按序上台。各答辩代表按顺序上台陈述，时间为 3 min，突出研究过程、研究方法、研究成效，边陈述边播放幻灯片，也可以表演，指导者辅助解说。学生评委提问，答辩小组代表回答，代表之间可以相互补充，提问完学生评委按 10 分制赋分。教师评委提问，一般控制在 3 个问题，小组代表回答，代表之间可以相互补充，教师评委赋分。教师主评委提出成果修改意见。

2. 注意事项

参与答辩的学生需要明确答辩程序，可以对答辩学生进行适当培训。如图 3-5 所示，学生开展成果答辩活动。

图 3-5　答辩现场

六、海捕虾中焦亚硫酸钠含量检测实验报告[①]

(一) 研究背景

舟山濒临东海，捕捞业发达，海捕虾极多。但海捕虾易变质、黑变，而变质和黑变都严重地影响了海捕虾的品质，因此大部分渔船都会使用焦亚硫酸钠进行防腐保鲜。少量的焦亚硫酸钠对人体无害，但大量的焦亚硫酸钠则对人体有害。

由此，课题组想到：如何知道身边的海捕虾是否添加焦亚硫酸钠？添加的焦亚硫酸钠是否过量？对此课题组进行了实验。

(二) 研究目的

(1) 了解海捕虾易变黑的原因。

(2) 了解焦亚硫酸钠的作用与危害。

(3) 了解身边的海捕虾添加焦亚硫酸钠的情况。

(4) 对销售者保鲜海捕虾的相关建议。

(三) 研究内容

(1) 身边的海捕虾的焦亚硫酸钠含量。

---

① 蓝宇哲、邱译萱、陆彦辰

(2)焦亚硫酸钠的作用与危害。

(3)关于保鲜海捕虾，对销售者的建议。

(四)研究方法

实验法、观察法、采访法、文献法。

(五)研究过程

1. 实验目的

了解身边的海捕虾是否添加焦亚硫酸钠，添加的焦亚硫酸钠是否过量。

2. 实验原理

焦亚硫酸钠为白色粉末或小结晶，带有强烈的大蒜气味，久置空气中，容易氧化成硫酸钠。密度约 1.4 g/cm^3，易溶于水，水溶液呈酸性。与强酸反应生成二氧化硫及相应的盐类；高于 150℃时，即分解出二氧化硫。

3. 实验计算公式

$$X=\frac{(V-V_0)\times 0.0342\times c\times 1000}{m}$$

式中　X——试样中的二氧化硫总含量(以 SO_2计)，g/kg；

V——滴定样品所用的碘标准溶液体积，mL；

V_0——空白试验所用的碘标准溶液体积，mL；

0.0342——1 mL 碘标准溶液[$c(\frac{1}{2}I_2)=1.0$mol/L]相当于二氧化硫的质量，g；

c——碘标准溶液浓度，mol/L；

m——试样质量，g。

4. 实验器材

材料：市场购买虾(红虾 3 个样品，南美白对虾 1 个样品，每个样品 250g)。

工具：搅碎机、电子秤、滴定装置、蒸馏装置。

溶液：纯净水、盐酸溶液、乙酸铅溶液、淀粉指示剂、碘标准溶液。

5. 实验过程

(1)取样。具体流程为：在市场上随机购买虾后去头去尾去壳(图 3-6)；将剥后的虾肉放于搅拌机中绞碎(图 3-7)；将绞碎后的虾肉放于袋中(图 3-8)；称取 10 g 左右的虾肉(图 3-9)。

(2)获得吸收液(虾中二氧化硫浸出液)。具体流程为：将样品置于蒸馏烧瓶中(图 3-10)；加入 250 mL 水，装上冷凝装置(图 3-11)；将冷凝管下端插入预先备有 25

mL 乙酸铅吸收液碘量瓶的液面下(图 3-12)；然后在蒸馏瓶中加入 10 mL 盐酸溶液，立即盖塞，加热蒸馏(图 3-13)；当蒸馏液剩下约 200 mL 时，使冷凝管下端离开液面。用少量蒸馏水冲洗插入乙酸铅溶液的装置部分(图 3-14)。

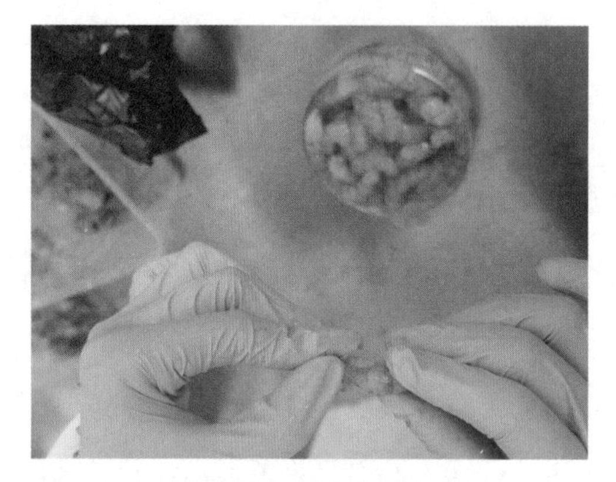
图 3-6　样品虾去头去尾去壳

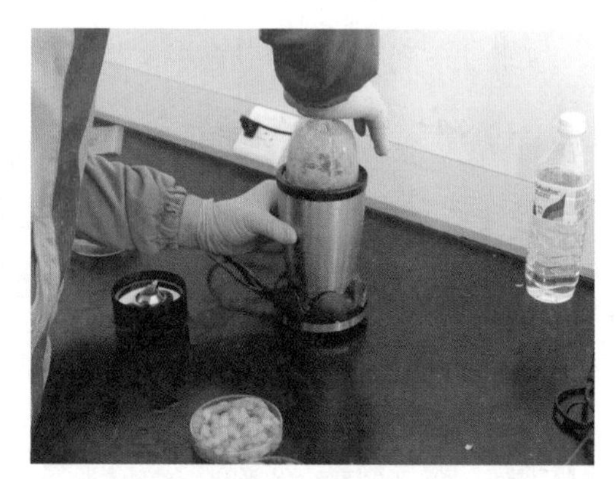
图 3-7　绞碎

图 3-8　放于袋中

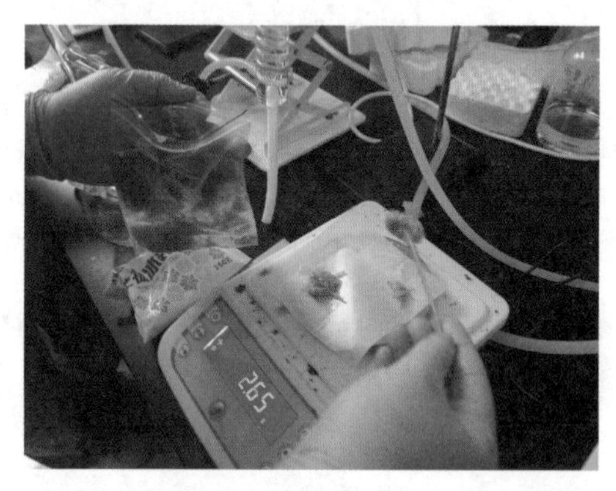
图 3-9　称取 10 g 虾肉

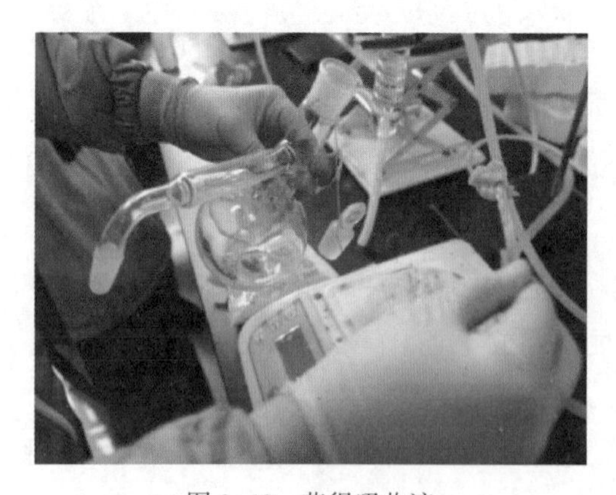
图 3-10　获得吸收液

图 3-11　加入水

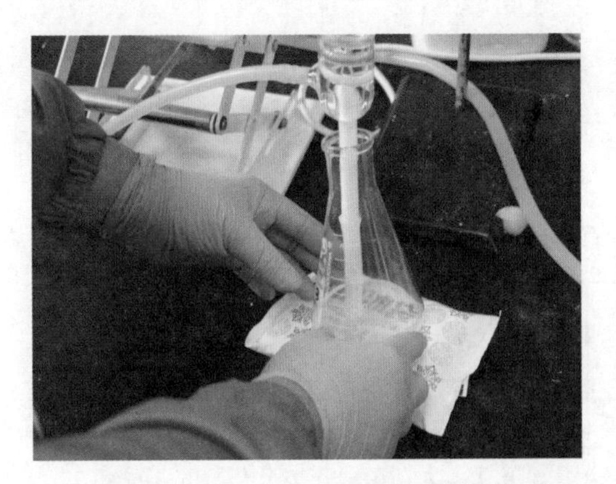

图 3-12　插入乙酸铅吸收液碘量瓶

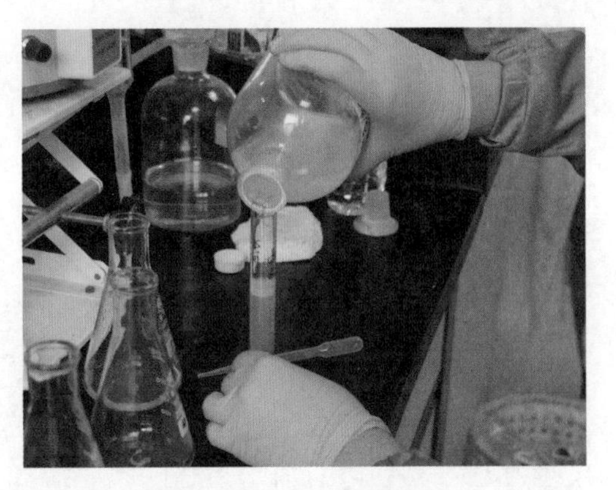

图 3-13　加入盐酸溶液

图 3-14　蒸馏

(3)滴定实验。具体流程为：向取下的碘量瓶中依次加入 10 mL 盐酸溶液、1 mL 淀粉指示液(图 3-15)；摇匀之后用碘标准溶液滴定至溶液颜色变蓝且 30s 内不褪色为止(图 3-16)。

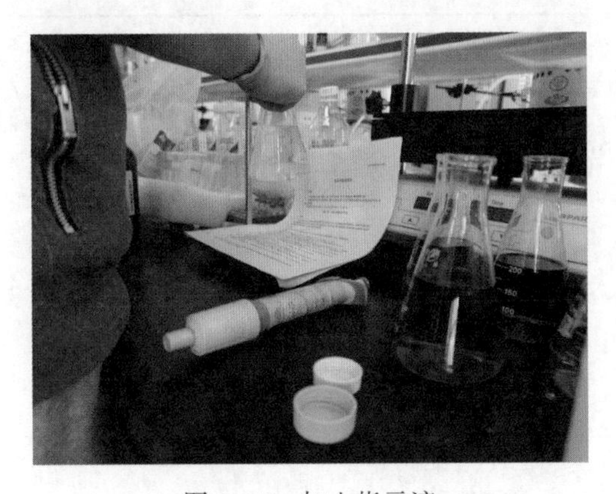

图 3-15　加入指示液

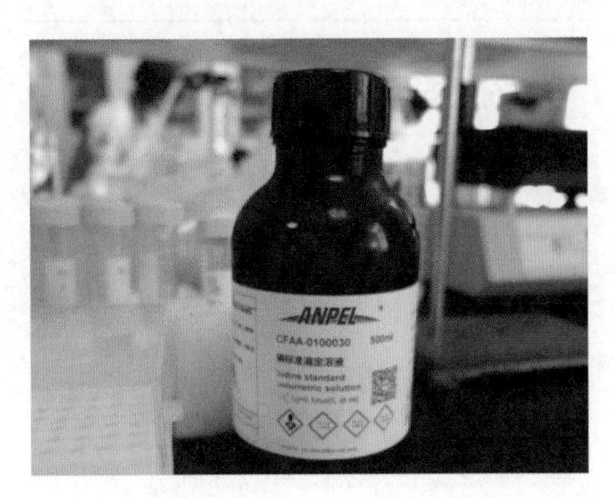

图 3-16　滴定药品

6. 实验数据

所获得的实验数据见表 3-10。

表 3-10　实验数据

实验样本	样品一 南美白对虾	样品二 红虾	样品三 红虾	样品四 红虾	样品五 空白对照组
取样地点	水产市场	超市	水产市场	菜市场	—
所用的碘标准溶液体积/mL	1.1	1.02	1.1	1.28	0.93
试样质量/g	10.28	9.77	10.47	9.86	—
试样中的二氧化硫总含量/(g/kg)(精确到 10^{-5})	0.00529	0.00295	0.00529	0.01136	—
是否检出	否	否	否	是	—
是否超标	否	否	否	否	—

7. 实验参考数据

实验参考数据见表 3-11。

表 3-11　实验参考数据

样品名称	检测项目	检测方法标准名称	检出限	判定依据	标准值
海捕虾	二氧化硫	《食品安全国家标准 食品中二氧化硫的测定》(GB 5009.34—2016)	0.01 g/kg	《食品安全国家标准 食品添加剂使用标准(GB 2760—2014)	≤0.1 g/kg

8. 实验现象

只有一盘检测出二氧化硫，其余均未检出。

9. 实验结果

大部分未添加焦亚硫酸钠，少部分添加未超标。

(六)研究结论

1. 海捕虾头易变黑的原因

虾头变黑是酶影响导致。其实，虾头变黑体现的是发生在虾体内的一种酶促反应，它和外界污染并没有什么关系。虾是否受到污染、是否重金属超标是无法通过肉眼观察进行判断的。

虾肉中含有一种叫酪氨酸酶的物质，酪氨酸在酪氨酸酶的作用下，可以逐步形成酶类物质，然后再形成优黑素、褐黑素等黑色物质。而这些物质就是虾颜色变深的原因。

虾的全身都有酪氨酸酶分布，但头部的酪氨酸酶活性最强，腹部和尾部的酶活性较低。因此人们总是看到虾头最先变黑，然后才会出现腹部和尾部的变色。

2. 焦亚硫酸钠的作用与危害

(1)作用：焦亚硫酸钠(俗称虾粉)因具有防腐和抗氧化作用，被用于新鲜或冰冻的海水虾初级产品及其加工制品中，可抑制虾褐变，同时起到防腐保鲜、保护制品的品质和色泽的作用，延长产品保质期。

(2)危害：该品对人的皮肤、黏膜有明显的刺激作用，可引起结膜炎、支气管炎症状。有哮喘或过敏体质的人，对此非常敏感，皮肤直接接触可引起灼伤。

3. 实验结果

本次实验未检出焦亚硫酸钠超标，或许是因舟山靠近大海，海产品较为新鲜，但滥用焦亚硫酸钠的情况仍需要引起广泛注意。

4. 相关建议

(1)对销售者建议。售卖海产品应诚信经营，不贪图眼前利益，不违法违规，不因为想提高产品价值而滥用防腐剂，多为买家着想，也多为自己的持续经营、长远发展着想。

(2)对有关部门建议。有关部门应严格执法，大力检查此类恶劣行为，并按规定进行惩处，让民众能安心、放心享用海鲜产品。

(3)对消费者建议。如果发现有不法商家售卖含有焦亚硫酸钠的海鲜时，应立即向检验检疫和市场管理部门举报。

七、生长环境对潮间带生物存活率的影响[①]

(一)研究背景

潮间带是人们最易直接观察及欣赏海洋生物的地方，同样也是最易受人类各种行为干扰的区域。舟山以拥有物种丰富的水产资源而闻名，潮间带生物就占了一席之地。

---

① 王淼珲、李懿瑶

为了用最少的资源让潮间带生物水产业更快地发展，课题组将研究生长环境对潮间带生物存活率的影响，探究最适合潮间带生物生存的水质环境，从而提高潮间带生物的产量，提高潮间带生物的存活率，从而促进舟山的水产业发展，更好地适应现代渔业发展的新要求，加速实现舟山从“渔业大市”向“渔业强市”的历史性跨越。

(二)研究目的

(1)了解西轩岛的潮间带生物

(2)探究最适合潮间带生物生存的水质环境

(3)探究提高潮间带生物存活率的方法

(三)研究内容

(1)西轩岛的潮间带生物

(2)最适合潮间带生物生存的水质环境

(3)提高潮间带生物存活率的方法

(四)研究方法

实验法、采访法、查阅法、实地考察法。

(五)研究过程

1. 样本采集

(1)采集地点。西轩岛的岩礁、泥滩的螺类、方蟹。

(2)采集时间。生物一年四季均有生长，但春末夏初的生物量最大、种类最多(季节)。大潮汛落潮后，如农历初一至初三，十六至十八(时间)。

备注：涨平潮时间=(农历-1或16)×0.8+高潮间隙(潮汐计算)

(3)采集工具。主要有塑料桶、温度计、采集刀、镊子、螺丝刀等。

(4)采集注意事项。观察生物的自然生态，因为不同种类对环境条件的要求不同，了解了生物的生活习性。

注意事项：岩礁高低不平、地滑、海浪冲击等。

2. 实验观察方法

(1)直接观察(如果螺类的螺壳朝下，则表示已经死亡；而蟹类所在的水面始终有气泡产生，则代表蟹依旧存活)。

(2)用塑料小棒触碰(依照用塑料小棒触碰后，螺类、蟹类重新活动需要的时间的不同，来判断其反应程度)。

(3)用摄像机拍摄视频，仔细观察其活动速度进行比较。

3. 实验过程

实验一

【实验名称】

盐度为 35、26、13 的食盐溶液以及淡水对潮间带生物存活率的影响。

【实验器材】

4 个分别盛有盐度为 35 的海水、26 的海水(原海水盐度)、13 以及盐度为 0 的淡水的水桶。

【实验步骤】

(1)取一桶淡水、一桶海水、两只空桶以及食盐。

(2)用量筒均匀配置一桶盐度为 13 以及 35 的水。

(3)取 5 只存活的荔枝螺、渔舟蜒螺放入桶内，在 4 个桶内各放入 2 只方蟹。

【实验现象】

把荔枝螺、渔舟蜒螺以及方蟹放入实验桶时，它们活动较活跃(有 2 只渔舟蜒螺爬出水面)，盐度为 26 的桶内生物活动正常(4 只渔舟蜒螺均浮出水面且方蟹在桶里活动)。我们每间隔 15 min 观察一次，之后在第二天、第三天观察同时间段的实验现象(表 3-12 至表 3-15，图 3-17 至图 3-20 为潮间带生物的存活数量)。

表 3-12　盐度为 0 的条件下潮间带生物生存情况

组别 / 时间	渔舟蜒螺(5 只)	荔枝螺(5 只)	方蟹(2 只)
15:00—15:15	全部存活，较活跃	全部存活，活跃	在活动，都焦躁不安，想极力逃脱
15:15—15:30	全部存活，活动稍减弱	全部存活，较活跃	1 只依附在袋子周围不动，1 只焦躁
15:30—15:45	全部存活，几乎不活动	全部存活，活动缓慢	反应明显迟钝
第二天	全部存活，身子蜷缩着不动	全部存活，间隔好长一段时间活动一下	1 只死亡，另 1 只生命体征不明显
第三天	3 只死亡，有 2 只存活，不活动	1 只死亡，4 只存活，用塑料小棒反复触碰后，才有细微反应	全部死亡

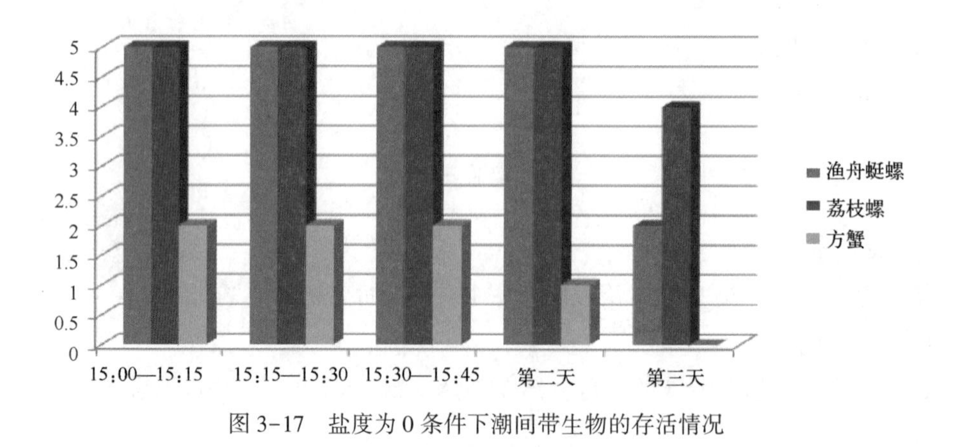

图 3-17　盐度为 0 条件下潮间带生物的存活情况

表 3-13　盐度为 13 的条件下潮间带生物生存情况

时间＼组别	渔舟蜒螺（5 只）	荔枝螺（5 只）	方蟹（2 只）
15:00—15:15	全部存活，活动较活跃	全部存活，在不停活动	2 只都在活动，想极力逃脱
15:15—15:30	全部存活，有 1 只逃逸	全部存活，反应速度快	2 只焦躁不安，活动有所减弱
15:30—15:45	全部存活，1 只在桶壁内	全部存活，活动较慢	反应有点迟钝，在触碰之后会继续活动
第二天	全部存活，有 1 只已经逃到桶外活动着	全部存活，一段时间才有活动	2 只生命迹象不明显
第三天	有 1 只死亡，剩余的都不活动	全部存活，几乎不活动	有 1 只死亡，另 1 只生命体征不明显

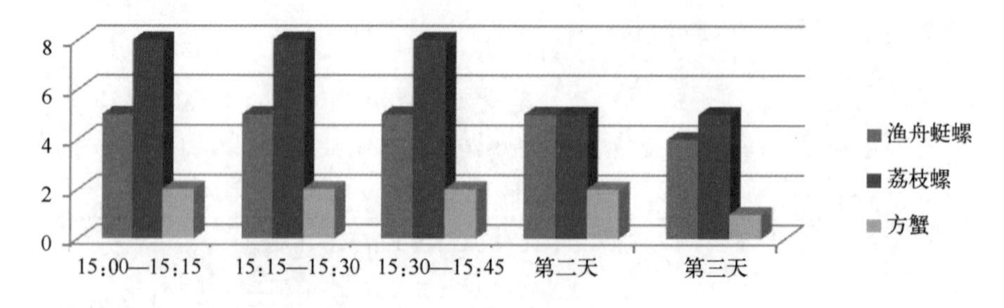

图 3-18　盐度为 13 条件下潮间带生物的存活情况

表 3-14　盐度为 26 的条件下潮间带生物生存情况

组别 时间	渔舟蜒螺 （5 只）	荔枝螺 （5 只）	方蟹 （2 只）
15:00—15:15	全部存活，活动十分活跃	全部存活，活动特别活跃	全部存活，活动活跃，无焦躁不安现象
15:15—15:30	全部存活，1 只往桶壁移动	全部存活，不停活动	2 只都在活动，较活跃
15:30—15:45	全部存活，外爬的现象明显	全部存活，反应速度较快	活动有所减弱
第二天	全部存活，有 2 只逃到桶外	全部存活，生命迹象明显	2 只依然在活动，但十分缓慢
第三天	全部存活，桶内有 3 只	全部存活，几乎不活动	全部存活，活动减弱

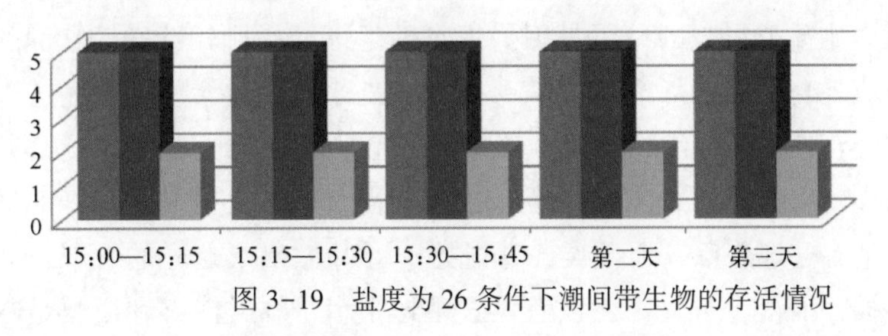

图 3-19　盐度为 26 条件下潮间带生物的存活情况

表 3-15　盐度为 35 的条件下潮间带生物生存情况

组别 时间	渔舟蜒螺 （5 只）	荔枝螺 （5 只）	方蟹 （2 只）
15:00—15:15	全部存活，活动较活跃	全部存活，活动活跃	全部存活，焦躁不安
15:15—15:30	全部存活，活动十分缓慢	全部存活，活动较活跃	都在活动，较活跃
15:30—15:45	全部存活，有 1 只逃逸	全部存活，活动明显减弱	2 只几乎不活动
第二天	全部存活，有 2 只逃到桶外，桶内的不活动	全部存活，经触碰后才会缓慢移动	全部存活，奄奄一息
第三天	2 只存活（桶外），3 只死亡	1 只死亡，4 只不活动	2 只全部死亡

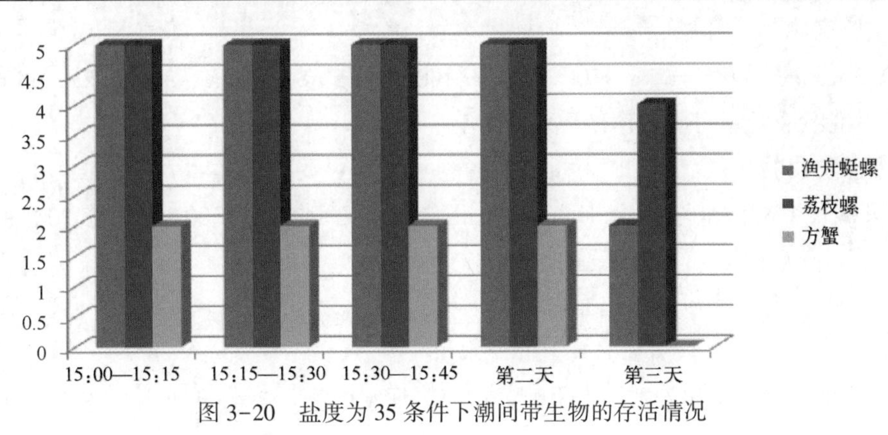

图 3-20　盐度为 35 条件下潮间带生物的存活情况

【实验结果】

由实验现象发现，潮间带生物对盐度的适应性很强。它们在纯淡水，以及盐度较高的海水中虽然生命迹象减弱，但依然可以存活 2 d 左右。同时也有以下发现。

(1)荔枝螺的适应性略强于渔舟蜒螺，而渔舟蜒螺的逃逸现象较荔枝螺而言更加明显。

(2)蟹类对不同盐度的水质的适应性明显较弱，相比较而言螺类则具有更强适应性，它们在此类环境下，多选择逃逸，不易死亡。在人工养殖时，螺类以及蟹类生存的海水的盐度以 26 为宜，不宜过高或过低。以上体现潮间带生物的热平衡与较强的适应性。

【实验分析与反思】

由实验结果可知，螺类比蟹类的存活率要高。对此，课题组成员询问了导师，知道了螺类的生存能力比蟹类要强的原因是因为螺类的生理结构比较特殊，它们的呼吸器官有鳃、外套膜或外套膜腔壁形成的“肺”，在受到外来刺激时会立即蜷缩进壳内并紧闭壳盖，这样它们与外界交换的物质相对较少，因此能够更好地延长其生存的时间。而蟹类没有螺类那样的生存系统，需要经常从水中获得氧气，故蟹类对盐度的适应性不如螺类。而且螺类有逃逸现象，但蟹类无法逃逸。导师做出了这样的解释：因为本实验选用的是塑料桶，桶壁十分光滑，没有设置逃逸平台。螺类能够利用腹足在光滑的塑料桶壁上爬行，而螃蟹却不能。

课题组对本实验所采用的海水的盐度提出了这样一个问题：世界范围内海水的平均盐度为 35 左右，但是为什么螺类以及蟹类在此盐度的环境下却多数选择逃逸或者死亡呢？通过查阅资料，课题组了解到：原来舟山渔场处于长江、钱塘江、甬江三江入海口，为江水与海水的交汇口和近海沿岸、台湾海峡暖流与黄海寒流的交汇之处，属低盐度海域，海水的年平均盐度为 20.56，所以 35 的盐度对于这里的蟹类和螺类来说是属于高盐度了。

实验二

【实验名称】

1000 mg/kg、600 mg/kg、300 mg/kg、100 mg/kg、80 mg/kg、50 mg/kg、30 mg/kg 浓度的甲醛溶液对潮间带生物存活率的影响。

【实验器材】

7 只盛有甲醛溶液浓度分别为 1000 mg/kg、600 mg/kg、300 mg/kg、100 mg/kg、80 mg/kg、50 mg/kg、30 mg/kg 的水桶。

【实验步骤】

(1)取 7 只空桶，分别都倒入 10L 淡水。

(2)在第一桶水中注入 12 mL 甲醛，在第二桶水中注入 7.4 mL 甲醛，在第三桶水中注入 3.7 mL 甲醛，在第四桶水中注入 1.2 mL 甲醛，在第五桶水中注入 1 mL 甲醛，在第六桶水中注入 0.6 mL 甲醛，在第七桶水中注入 0.4 mL 甲醛。

(3)在 7 只桶中分别加入 4 只渔舟蜒螺、4 只荔枝螺、2 只方蟹，需皆为存活。

【实验现象】

将渔舟蜒螺、荔枝螺以及方蟹放入实验桶 20 min 后，第一个桶内未进行活动(渔舟蜒螺、荔枝螺均沉在水底，方蟹停止活动)；第二个桶内生物活动缓慢(渔舟蜒螺和荔枝螺各有一只附在桶壁上，方蟹遇到动静会活动)；第三个桶内生物活动较正常(荔枝螺有两只附在桶壁上，渔舟蜒螺有一只附在桶壁上，方蟹缓慢活动)；第四、五、六个桶内生物活动正常(在第四个桶内渔舟蜒螺和荔枝螺各两只附在桶壁上，方蟹活动正常)；在第七个桶内，生物活动较缓慢。每间隔 15 min 观察一次，之后在第二天观察同时间段的实验现象(表3-16 至表 3-19、图 3-21 至图 3-24)。

表 3-16　1000 mg/kg 浓度的甲醛溶液中潮间带生物存活情况

组别 时间	渔舟蜒螺 (4 只)	荔枝螺 (4 只)	方蟹 (2 只)
15:00—15:15	全部存活，马上将身子缩进螺壳中	全部存活，立即将身子缩进螺壳	全部存活，疯狂逃窜
15:15—15:30	全部存活，生命体征不明显	全部存活，奄奄一息	经触碰后开始挪动
15:30—15:45	全部死亡	全部死亡	均已麻木，经触碰后，过了很长时间才开始挪动
第二天中午	—	—	1 只死亡，1 只奄奄一息
第二天下午	—	—	全部死亡

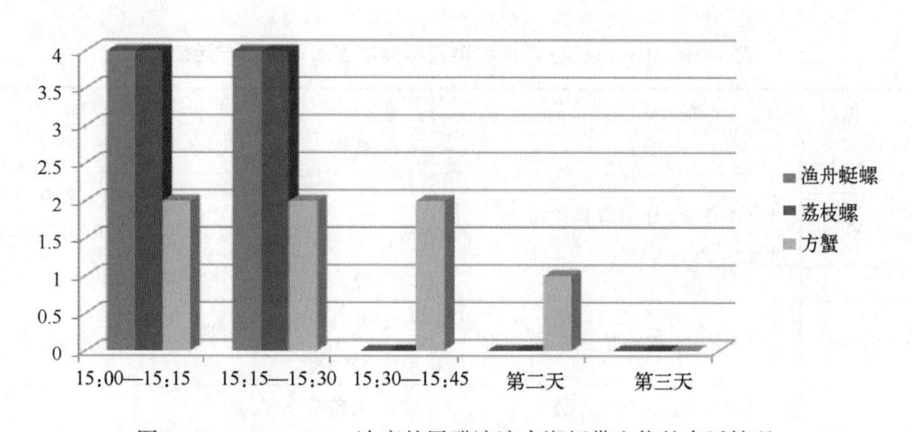

图 3-21　1000 mg/kg 浓度的甲醛溶液中潮间带生物的存活情况

表 3-17　600 mg/kg 浓度的甲醛溶液中潮间带生物存活情况

组别 时间	渔舟蜒螺 （4只）	荔枝螺 （4只）	方蟹 （2只）
15:00—15:15	全部存活，身子缩进螺壳中	全部存活，身子缩进螺壳中	全部存活，焦躁不安
15:15—15:30	全部存活，轻戳有微弱反应	全部存活，不活动	全部存活，活动减弱
15:30—15:45	全部存活，生命体征不明显	全部存活，奄奄一息	保持原地不动
第二天中午	全部死亡	3只死亡，1只生命体征不明显	全部存活，生命体征微弱
第二天下午	—	全部死亡	全部存活，生命体征微弱

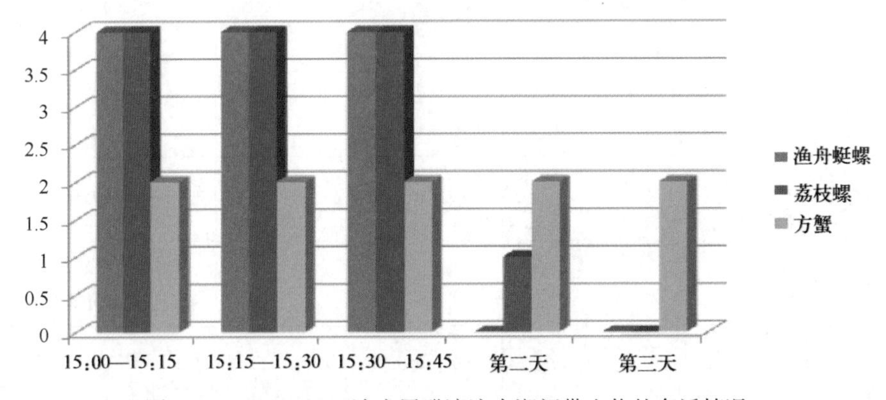

图 3-22　600 mg/kg 浓度甲醛溶液中潮间带生物的存活情况

表 3-18　300 mg/kg 浓度的甲醛溶液中潮间带生物存活情况

组别 时间	渔舟蜒螺 （4只）	荔枝螺 （4只）	方蟹 （2只）
15:00—15:15	全部存活，2只将身体缩进螺壳，2只缓慢活动	全部存活，活动较缓慢	全部存活，前 10 min 无焦躁反应，之后变得有些焦躁，想极力逃脱
15:15—15:30	全部存活，戳动有反应	全部存活，1只在极其缓慢活动，3只一动不动	全部存活，活动减弱
15:30—15:45	全部存活，用塑料小棒长时间触碰，会有细微的反应	全部存活，用塑料小棒反复触碰，才会有细微的反应	全部存活，保持原地不动

续表

组别 时间	渔舟蜒螺 （4只）	荔枝螺 （4只）	方蟹 （2只）
第二天	3只死亡，1只奄奄一息	2只死亡，2只不活动	全部存活，经触碰后，会极其缓慢地挪动
第三天	全部死亡	3只死亡，1只存活，生命体征微弱	全部存活，生命体征微弱

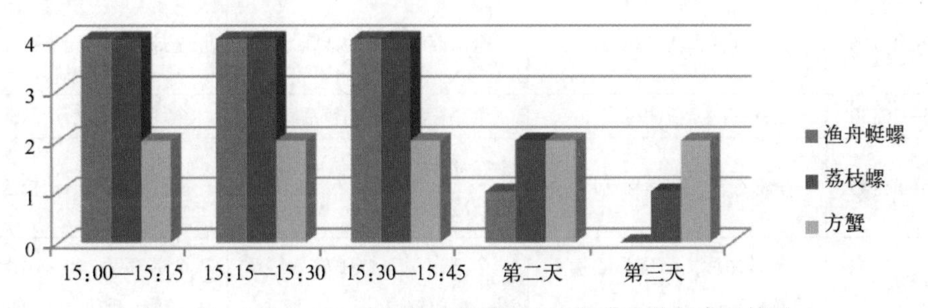

图 3-23　300 mg/kg 浓度的甲醛溶液中潮间带生物的存活情况

表 3-19　100 mg/kg 浓度的甲醛溶液中潮间带生物存活情况

组别 时间	渔舟蜒螺 （4只）	荔枝螺 （4只）	方蟹 （2只）
15:00—15:15	全部存活，都在活动，较缓慢	全部存活，活动较缓慢	全部存活，活动较活跃
15:15—15:30	全部存活，活动减缓	全部存活，活动有所减慢	全部存活，活动较活跃
15:30—15:45	全部存活，2只一动不动，2只依然在缓慢活动	全部存活，3只在活动，1只向桶壁爬去	全部存活，活动减慢
第二天	1只死亡，3只存活，触碰一下后继续活动	全部存活，1只爬在桶壁上，3只不活动	全部存活，1只缓慢活动，1只不活动
第三天	1只死亡，3只存活，触碰一下后，会有所反应，迟钝	1只死亡，3只存活，其中2只爬在桶壁上	全部存活，用塑料小棒触碰后会做出反应，较迟钝

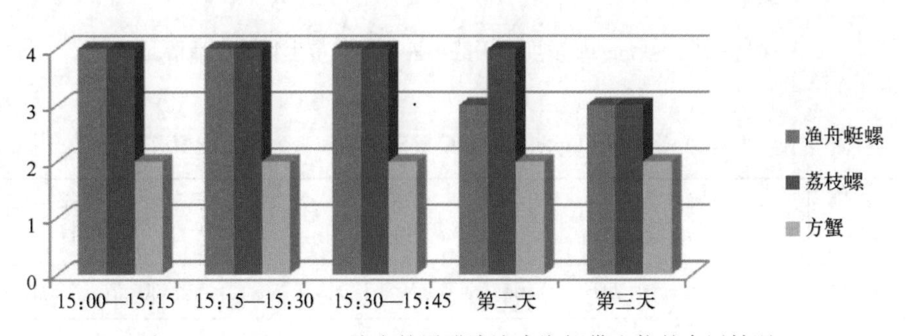

图 3-24　100 mg/kg 浓度的甲醛溶液中潮间带生物的存活情况

因为课题组发现在甲醛溶液浓度为100 mg/kg时潮间带生物的存活率大大提高，为了寻找最适合其生存的甲醛溶液的浓度，又进行了甲醛溶液浓度分别为80 mg/kg、50 mg/kg、30 mg/kg的补充实验，详见表3-20至表3-22，图3-25至图3-27。

表3-20　80 mg/kg浓度的甲醛溶液中潮间带生物存活情况

组别 时间	渔舟蜒螺 （4只）	荔枝螺 （4只）	方蟹 （2只）
15:00—15:15	全部存活，活动较活跃	全部存活，活动活跃	全部存活，无焦躁反应
15:15—15:30	全部存活，活动减慢	全部存活，活动较活跃	全部存活，活动活跃
15:30—15:45	全部存活，依然在活动	全部存活，依然在活动，有所减弱	全部存活，活动较活跃
第二天	全部存活，触碰后会有较缓慢的反应	全部存活，触碰后继续活动，反应较快	全部存活，均在活动，触碰一下，活动马上加快
第三天	全部存活，但均蜷缩着身子，触碰后，会有反应，较中午更慢	全部存活，触碰后会继续活动，反应较迟钝	全部存活，2只依然在活动，较缓慢

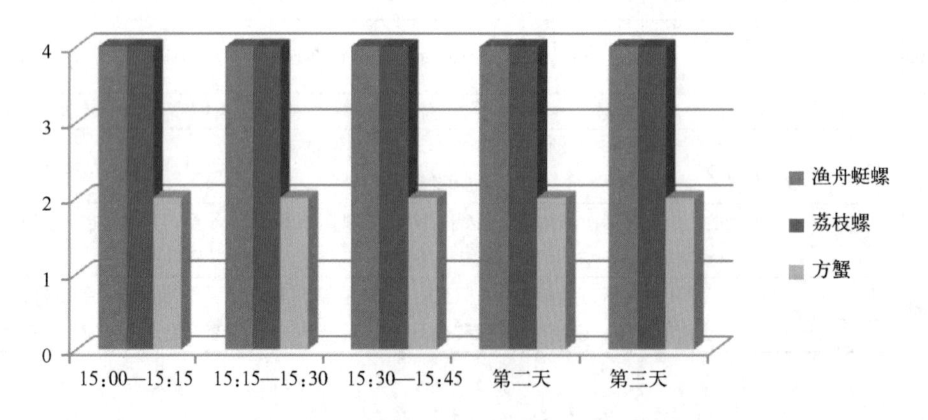

图3-25　80 mg/kg浓度的甲醛溶液中潮间带生物的存活情况

表3-21　50 mg/kg浓度的甲醛溶液中潮间带生物生存情况

组别 时间	渔舟蜒螺 （4只）	荔枝螺 （4只）	方蟹 （2只）
15:00—15:15	全部存活，活动活跃	全部存活，十分活跃	全部存活，活动较活跃

续表

组别 时间	渔舟蜓螺 （4只）	荔枝螺 （4只）	方蟹 （2只）
15:15—15:30	全部存活，较活跃	全部存活，活跃	全部存活，活动依然较活跃
15:30—15:45	全部存活，活动减慢	全部存活，较活跃	全部存活，活动有所减慢
第二天	全部存活，3只较缓慢活动，1只一动不动	全部存活，有活动，触碰后加快	全部存活，1只在十分缓慢地活动，1只不活动
第三天	全部存活，2只活动，2只在触碰后，会有较慢反应	全部存活，均有活动，较缓慢	全部存活，均不活动

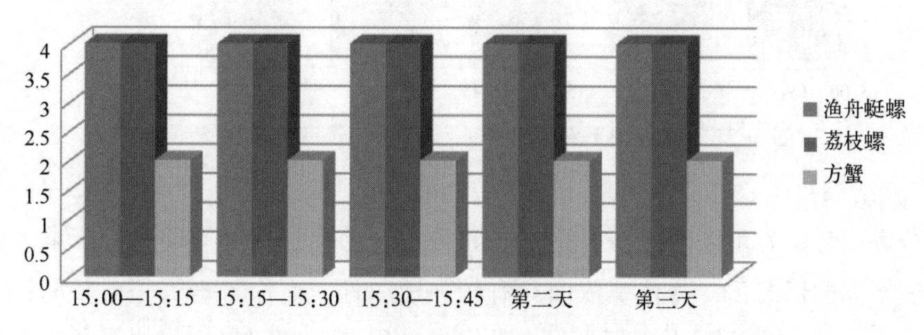

图3-26　50 mg/kg浓度的甲醛溶液中潮间带生物的存活情况

表3-22　30 mg/kg浓度的甲醛溶液中潮间带生物存活情况

组别 时间	渔舟蜓螺 （4只）	荔枝螺 （4只）	方蟹 （2只）
15:00—15:15	全部存活，活动不活跃	全部存活，活动不活跃	全部存活，活动较活跃
15:15—15:30	全部存活，都在活动，较缓慢	全部存活，活动有所减弱	全部存活，活动有所减弱
15:30—15:45	全部存活，1只向桶壁爬去，3只活动，十分缓慢	全部存活，依然在活动，但十分缓慢	全部存活，活动较缓慢
第二天	全部存活，1只在桶的外壁爬着，3只不活动	全部存活，1只活动，3只在触碰后，会有所反应	全部存活，均有活动，但极其缓慢

续表

时间＼组别	渔舟蜒螺 (4只)	荔枝螺 (4只)	方蟹 (2只)
第三天	全部存活，1只在外壁爬着，3只触碰后，会有反应，十分迟钝	全部存活，触碰后，会有反应，较迟钝	全部存活，触碰后会极其缓慢地挪动

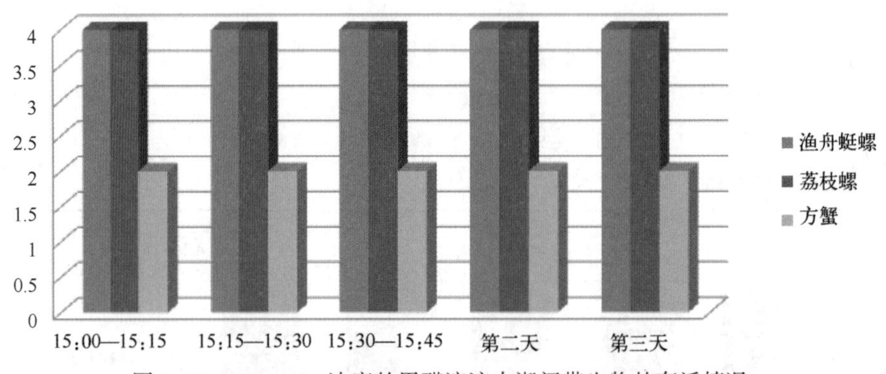

图3-27　30 mg/kg浓度的甲醛溶液中潮间带生物的存活情况

【实验结果】

分析表格和图表可以得出，甲醛对潮间带生物的存活情况有明显的影响。在甲醛溶液浓度不同的情况下，荔枝螺依旧具有较强适应性，而渔舟蜒螺相对较弱；方蟹对药物(甲醛)的适应能力要强于螺类。由此可见，甲醛对潮间带生物的存活率有重要影响。在一定的范围内，浓度越大，潮间带生物的存活率越低；反之，则越高。

【实验分析与反思】

综上所述，课题组得出了潮间带生物的生存能力受化学成分的影响较大，其产量与人工排放污染物有密切的关系。由询问得知，一般来说海水中是没有甲醛的，但是由于人们滥用化学品，对潮间带生物的生活造成了较大影响。因此，要使潮间带生物能够在此繁衍生息，最重要的还是减少化学品排放。经查阅资料可知，甲醛是消毒、杀菌的重要化学药物，适量的甲醛能够促进潮间带生物的生存，但若浓度过高，则会产生抑制作用。所以在水产养殖时，对于蟹类，不应过分对水进行消毒处理，水中含有的甲醛溶液浓度应在80 mg/kg左右；而对于螺类，浓度可以控制在50 mg/kg左右，不宜过分消毒。

(六)研究结论

(1)这次研究性学习，课题组探究了在盐度分别为35、26、13的海水以及盐度为零的淡水条件下，不同盐度的水对潮间带生物存活率的影响，以及浓度为1000 mg/kg、

600 mg/kg、300 mg/kg、100 mg/kg、80 mg/kg、50 mg/kg、30 mg/kg 的甲醛溶液对潮间带生物存活率的影响。实验中，课题组得出潮间带生物生存能力强，适于生存在盐度为 26 左右的海水中。同时，还直观地得出“在一定范围内，甲醛溶液的浓度越大，潮间带生物的存活率越低；反之，则越高”的结论。螺类对于甲醛溶液的浓度增大产生的不适反应(即出现死亡)的概率大于蟹类。这印证了过量地添加化学试剂进行消毒，对本实验内的大多数潮间带生物没有好处，而应该控制在相应范围内，以减少或避免潮间带生物死亡。为了保护潮间带生态环境，应该严格控制排出的污水中甲醛的浓度，尽可能地降低甲醛对潮间带生物生存的影响。

(2)在人工养殖过程中，广大养殖户要密切关注、定期检测海水水质及其盐度的情况，不可追求高浓度的消毒液，而应当分析潮间带生物的适应浓度，找到最适合其生存的浓度，这样才能够保证消毒的功能。

(3)在样本采集以及实验过程中，课题组发现样本采集的数量、种类不足以及不明螺类、蟹类本身的健康状况，而导致了实验结果可能存在偶然性或实验现象并不明显，也无法确定适合潮间带生物生存的甲醛溶液的浓度以及螺类和蟹类死亡的确切时间与细微反应和实验现象。但又因为时间等原因，课题组难以进一步完善实验，这也是本次活动的一个遗憾。

八、丁香酚对大黄鱼麻醉效果的实验研究[①]

(一)研究背景

海产品保活的目的是使其少死亡或不死亡，因此在运输过程中必须创造一个接近其赖以生存的自然环境，或者通过一系列的手段降低其新陈代谢活动。国外特别是日本等发达国家，进行了活鱼运输的大量研究。但在我国，虽然活运海产品历史悠久，如用活水船等在沿海河流拖运，但系统研究较少。常见的保活运输方法有：塑料袋充氧运输、模拟保活运输、低温保活运输和麻醉保活等。为此，我们充分利用在西轩岛进行海洋科技实践活动的机会，对大黄鱼的麻醉保活进行了实验研究。

(二)研究目的

(1)了解丁香酚麻醉剂的麻醉功效

(2)寻求对大黄鱼有较好麻醉效果的丁香酚溶液浓度并观察其麻醉效果

① 周宣辰、邵楚雯、郭姿吟

(3)探讨保活大黄鱼的其他科学方法，提高市场效益

(三)研究内容

(1)丁香酚麻醉剂的麻醉功效

(2)对大黄鱼有较好麻醉效果的丁香酚溶液浓度及其麻醉效果

(3)保活大黄鱼的其他科学方法

(四)研究方法

实验法、观察法、文献法、采访法。

(五)研究过程

1. 大黄鱼

大黄鱼是我国传统的“四大海产”之一，属硬骨鱼纲，鲈形目(Perciformes)，石首鱼科(Sciaenidae)，黄鱼属。大黄鱼是我国近海主要经济鱼类，肉质细嫩，深受海内外消费者的青睐。由于其性情暴躁，在运输过程会剧烈挣扎导致充血、掉鳞、受伤，造成耳石中硅管破裂，并导致死亡。大黄鱼主要栖息于距海岸线80 m以内的近海水域中下层，成鱼主要摄食各种小型鱼类及甲壳动物。

2. 实验假设

麻醉剂浓度与大黄鱼麻醉时间成正比。

3. 实验材料

丁香酚，分子式为 $C_{10}H_{12}O_2$，是无色或苍黄色液体，有强烈的丁香香气。主要用于抗菌，降血压；也出现在香水、香精以及各种化妆品香精和皂用香精配方中，还可以用于食用香精的调配。它是一种毒性较小的植物香料，在医学上作为牙科的镇痛剂被广泛使用。1972年，日本的远藤发现这种香料对鱼有强烈的麻醉效果，开始将它作为麻醉剂进行系列研究。近年来，丁香酚因为具有价廉易得(市价约150元/kg)、对人体健康无影响、其液体制剂在淡水和海水中溶解性好等特点而广泛应用于亲鱼采卵、活鱼运输以及手术过程中。

4. 动手实验

(1)实验目的：研究及分析不同浓度的丁香酚溶液对大黄鱼的麻醉效果。

(2)实验时间：4月18日15:00—16:30。

(3)实验地点：某基地育苗培育中心。

(4)实验材料：选用基地培育的大黄鱼 12 条，体长 8.4~11.8 cm。

(5)实验用具：6 只容量 10 L 的桶、滴管、烧杯、量筒、丁香酚。

(6)实验条件：无污染的清澈海水，水温为 15~17 ℃，盐度 30。

(7)实验过程：先用 10 mL 的丁香酚和 990 mL 的清水配制成 10 mg/L 的溶液，依次用滴管量取丁香酚溶液，滴入桶中，同理可制得 20 mg/L、30 mg/L、40 mg/L、50 mg/L、60 mg/L 的溶液(丁香酚密度为 1.070~1.084 g/mL，与水密度接近，可近似看作 1 g/mL，则易得溶液质量分数)。再选用大小相近、外形相似、生长情况良好的大黄鱼 12 条，每桶加入两条。观察每条鱼的麻醉所需时间及苏醒时间，同时记录复苏率(麻醉所需时间指鱼被放入麻醉剂溶液开始到鱼体侧翻的时间；苏醒时间是指将被麻醉的鱼从溶液中取出放回清水中开始到鱼开始以正常姿势游泳所需的时间)，如图 3-28 至图 3-31 所示。

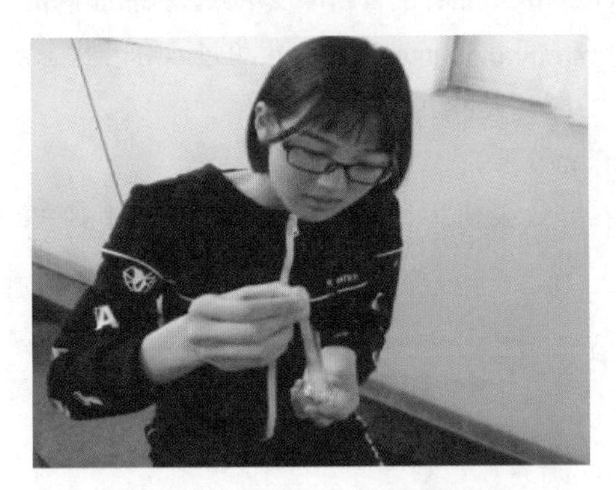

图 3-28 配制丁香酚溶液

图 3-29 记录每条鱼的麻醉时间及苏醒时间

图 3-30 挑选合适的大黄鱼

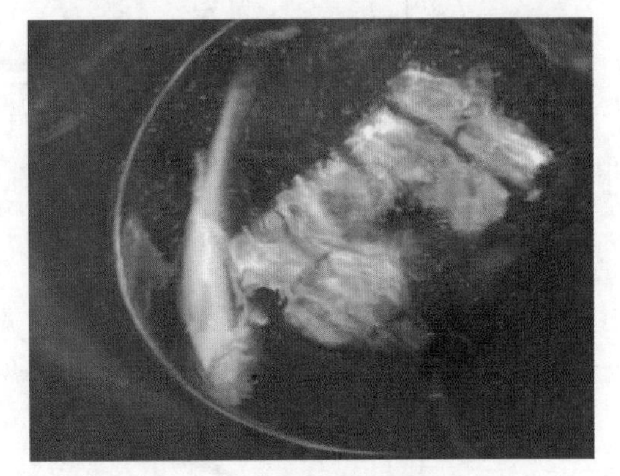

图 3-31 观察鱼的麻醉程度

(8)实验结果

①不同浓度的丁香酚溶液对大黄鱼的麻醉效果见表 3-23。

表 3-23　不同浓度的丁香酚溶液对大黄鱼的麻醉作用　（水温：15~17℃）

丁香酚浓度 \ 时间	麻醉时间/min			苏醒时间/min		
	第一条	第二条	平均	第一条	第二条	平均
10 mg/L	33. 86	33. 03	33. 445	0. 30	0. 28	0. 29
20 mg/L	5. 64	4. 98	5. 31	1. 16	1. 25	1. 205
30 mg/L	3. 36	3. 40	3. 38	2. 01	2. 03	2. 02
40 mg/L	1. 05	1. 19	1. 12	3. 17	3. 28	3. 225
50 mg/L	0. 22	0. 19	0. 205	14. 94	14. 13	14. 535
60 mg/L	—	—	—	—	—	—

分析：10 mg/L 的丁香酚溶液难以使大黄鱼麻醉。随着丁香酚浓度增大，大黄鱼麻醉所需时间越短，苏醒时间越长。30 mg/L 的丁香酚可在 4 min 内使大黄鱼进入麻醉状态，入水后 2 min 30 s 内苏醒。当浓度超过 60 mg/L 时，大黄鱼死亡。

结果：作为麻醉剂，丁香酚具有较好的麻醉效果。

②不同浓度的丁香酚溶液对大黄鱼的麻醉效果比较统计，如图 3-32、图 3-33 所示。

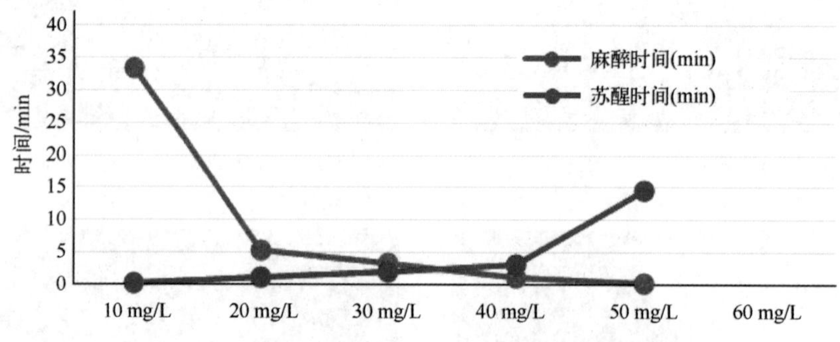

图 3-32　丁香酚溶液浓度对大黄鱼的麻醉作用折线图

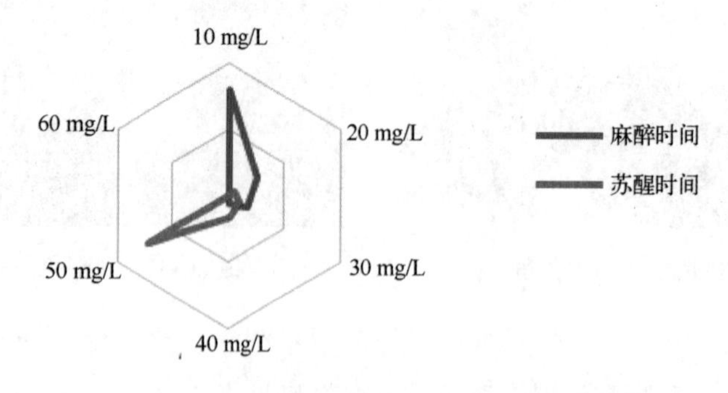

图 3-33　丁香酚溶液浓度对大黄鱼的麻醉作用雷达图

分析：随着丁香酚溶液浓度的升高，麻醉所需时间不断缩短，两者呈负相关。苏醒所需时间与丁香酚溶液浓度呈正相关。浓度越大，苏醒所需时间越长。在水温为 15~17 ℃、盐度 30 的条件下，对于一般大黄鱼，30 mg/L 的浓度使大黄鱼麻醉时间较短且苏醒时间较短，可应用于运输当中。

结果：30 mg/L 的丁香酚浓度对大黄鱼效果较好。

③丁香酚毒性说明。经通过互联网检索查询得知，例如 MS222 等麻醉剂使用后不会从鱼体中完全消失。鱼体残留物中含有间氨基苯酸、乙醇、甲烷、磺酸盐及其化合物，鱼被食用的情况下需要考虑其残毒。而丁香酚作为一种天然的植物香料，不必担心它对人类和环境造成危害。丁香酚是我国规定允许使用的食用香料，用量须按正常生产需要。若过量，会引发人体眩晕，恶心等。在鱼类中使用量应为 40~2000 mg/kg。因此，从人类健康与食品安全出发，丁香酚具有较大的应用前景。

5. 其他保活方法

经查阅文献，课题组发现还有以下两种方法较科学。

(1)塑料袋充氧运输。活鱼充氧保护法是指在鱼类保活运输过程中，即在装运时和途中向包装容器内供氧，以维持鱼的生命需要，解决运输过程中鱼类氧气不足的保活技术。国家规定：溶解氧含量至少保证 16 h 在 5 mg/L 以上，其他时间任何时候不得低于 3 mg/L。对溶氧要求：溶氧均匀、气泡小而密、溶氧量过饱和。特别是溶氧过饱和(10~12 mg/L)，可显著提高成活率(图 3-34)。

(2)低温保活运输。大多数水生动物都是变温动物，也就是说，它们的体温随水温的变化而变化，以此适应环境。运输过程中，应将温度控制在水生动物能够承受的各自适宜温度的下限。大多数鱼虾蟹暂养适宜温度为 9~15℃，最适宜温度为 11~13℃(图 3-35)。

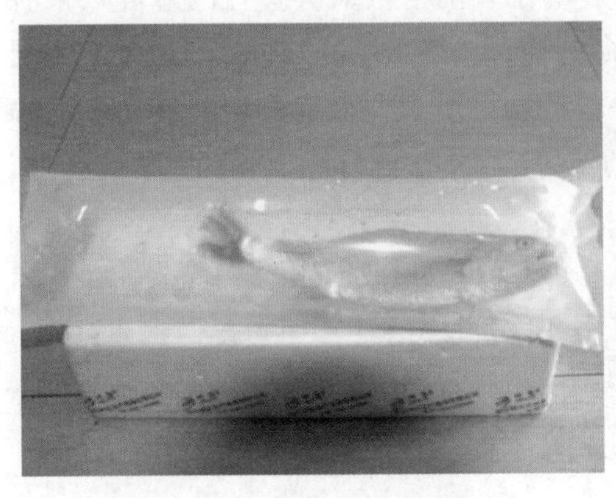

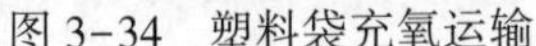
图 3-34　塑料袋充氧运输

图 3-35　低温保活运输

对比分析：若长途运输，因为运输密度比暂养密度大得多，需要进行麻醉以减缓新陈代谢，提高成活率。就温度而言，将水温降到海鲜处于休眠状态，海鲜已不能活动，新陈代谢程度达到最低；就溶解氧而言，有时会因断电造成水中溶解氧不足而无法延长存活时间。

6. 实地考察

课题组来到水产码头，采访了码头工作人员，同时向运输大黄鱼的渔民们推荐了实验成果，如图 3-36、图 3-37 所示。

图 3-36　采访

图 3-37　与渔民交流

本实验采用大黄鱼鱼种，比较了不同药物浓度及麻醉时间对麻醉效果的影响，得出初步结论：较高浓度的丁香酚溶液对大黄鱼麻醉的速度快但苏醒时间长；反之，较低浓度的丁香酚溶液对大黄鱼麻醉的速度慢但苏醒时间短；适量浓度的丁香酚溶液能在运输过程中对大黄鱼起到相对于其他保活方法更好的作用。

(六)研究结论

这次研究性学习活动，课题组就不同浓度的丁香酚溶液对大黄鱼的麻醉效果有了一定的了解，也感受到了海洋的神秘、生命的神奇、海洋生物的可爱。经过研究同学们认识到，海鲜麻醉较经济高效的方法是丁香酚麻醉法。而通过塑料袋充氧运输和低温保活运输等方法，也能够在一定距离的保活运输中收到良好效果。

九、舟山渔场资源衰退及保护措施的初步调查[①]

(一)研究背景

俗话说：“靠山吃山，靠海吃海。”舟山群岛拥有得天独厚的地理优势，勤劳可爱的

① 王芊滋、周博鑫、佘雨欣

家乡人民世世代代捕鱼为生。听爷爷辈的渔民说，50 年前大小黄鱼、带鱼、乌贼、螃蟹海蜇多得不得了，他们把捕捞上来的小螃蟹、小富贵虾等都倒回海里，因为实在太多，吃不完。可是现如今，这些螃蟹、富贵虾等海鲜都成了稀有的美味佳肴！令课题组成员感到困惑的是：渔民离开亲人去风大浪急的远海钓鱿鱼，甚至还去国外捕鱼，舟山渔场不是世界闻名的渔场吗？难道家乡的鱼类资源已经衰退了吗？

(二)研究目的

(1)了解家乡渔业资源的现状及衰退原因

(2)了解家乡人民对渔业资源的了解状况

(3)了解有关部门为保护渔场资源而采取的相关措施

(三)研究内容

(1)舟山渔场的主要渔业资源

(2)舟山渔场渔业资源衰退原因

(3)舟山渔场渔业资源采取的保护措施

(四)研究方法

观察法、采访法、文献法。

(五)研究过程

1. 上网查找

课题组成员首先了解舟山渔场主要渔业资源的信息。舟山渔场是我国著名渔场，也是中国最大渔场。地理、水文、生物等优越自然条件，使舟山渔场及其附近海域成为适宜多种鱼类繁殖、生长、索饵、越冬的生活栖息地。其中，大黄鱼、小黄鱼、带鱼和墨鱼，为舟山渔场捕捞量最多的资源群体，被称为“四大经济鱼类”。然而，经过 20 世纪 60—80 年代的过度捕捞，舟山渔场渔业资源严重衰退。正如渔民感叹的“带鱼像筷子，鲳鱼像扣子，大小黄鱼基本绝迹”。原来舟山人引以为豪的四大鱼类也难逃被过度捕捞的厄运，甚至更甚。

2. 调查分析

课题组对全班同学就关于舟山渔场渔业资源衰退及保护措施进行了调查，然后将调查表带回家，由组长分析汇总。

课题组还在沈家门码头对普陀渔民黄国民伯伯进行了采访。黄伯伯赖以谋生的是一条 12 马力①的小木船，每天凌晨 3 点钟出海，下午 1 点钟回港。近海辛苦劳作 10 多个小时，收获了 20 斤②虎头鱼，以 20 元/斤的价格卖出，收入 400 元，除去燃油费、鱼饵的支出(鱼钩的损耗不计)，最终入账每人 100 元。而在 2010 年前后，他们每次去近海还能捕获上百斤虎头鱼，每天能挣个 300 元，足以负担一个家庭的开销。现在鱼不仅数量少，而且每条大约只有一两③，个头小了 2/3。

黄国民伯伯介绍，他家邻居陈国海伯伯的渔船更大一些。为了能捕到大黄鱼，陈国海开到距离沈家门渔业码头 6 h 航程的浪岗。三天的连续作业后，捕到 40 斤大黄鱼。所有鱼卖完后，收入 1 万元，扣除人工、燃油等成本，最后收益 2000 元。这样的收益算是运气特别好的，有时几天下来，连黄鱼的影子都没见着。鱼越来越少，成本越来越高，生活越来越难，渔民只能靠延长出海时间，多带网具来提高经济收益。

3. 实地采访

【镜头一】课题组先到普陀区海洋与渔业局进行实地采访，在海洋渔业局获得了有关舟山四大特产资源衰退的第一手资料。

【镜头二】课题组去菜场实地采访，从卖鱼的杨阿姨那里了解到：5 年前小黄鱼还只是几元一斤，现在一般的小黄鱼都要 20 多元一斤，今年比去年价格又上涨了三分之一；10 年前的带鱼大多为二三斤重，现在只有几两重(图 3-38)(注：该调查进行时间为 2018 年 11 月)。摊主刘伯伯动情地讲他年轻时捕鱼的经历，从他的讲述中，大家仿佛看到了 30 多年前舟山渔场的繁荣景象！

图 3-38　当地海鲜市场

【镜头三】课题组实地考察舟山国际水产城。有一个正在卸渔获的郑伯伯很热心，他说 30 多年前每斤黄鱼 1 元钱，一船三四百担大黄鱼放在现在那可都是金子呀！黄鱼

① 马力为非法定单位，1 马力 = 735 W。
② 斤为非法定计量单位，1 斤 = 500 g。
③ 两为非法定计量单位，1 两 = 50 g。

多到吃不了就晒黄鱼鲞，黄鱼卵也一并晒鲞。当初 1 元 1 斤的大黄鱼(每条 1 斤左右)现在竟然卖到上百元，令人咋舌，真是物以稀为贵！正因为以前的渔民盲目地抓渔业生产，把抱卵的黄鱼都捕光了，所以家乡的大黄鱼资源衰退得惊人。听郑伯伯说，30 多年前，只要在礁石边一伸手就能捞到乌贼，但是现在它们销声匿迹了，渔船都捕不到几只正宗乌贼了(图 3-39)。

图 3-39　采访海鲜市场工作人员

4. 宣传倡议

课题组利用休息时间一起讨论：如何让保护渔业资源的意识深入人心？大家集思广益，纷纷提出自己力所能及的事情。

(1)利用学校的科技节等活动，将上述采访资料整理后以幻灯片的形式向同学宣传。

(2)“救救带鱼妈妈”行动。该行动源于《舟山日报》上的一篇文章引发的思考，发动全班学生写读后感，并向身边的亲朋好友宣传。

(3)利用课余时间制作海报、宣传标语等，利用双休日去菜市场、码头周边张贴。

(4)写倡议书去码头发放给开捕的渔民伯伯等。

(六)研究结论

课题组结合情况分析，认为渔业资源衰退的主要原因是过度捕捞、海洋环境污染、气候变暖等。如今舟山渔场已陷入“无鱼可捕”的困境。据渔业专家介绍：只有降低捕捞强度、保护渔业资源，才是根本出路。目前已经采取了一系列的措施，并起到一定效果。

1. 渔民转产是减轻捕捞强度的有效途径

由于海洋捕捞艰苦、危险，当地人都不愿意子女再从事海洋捕捞，所以渔民中年轻人很少，文化程度也不高。2000年后，渔民转业方向主要是海运、养殖、休闲渔业、远洋渔业等，且平均年龄在35岁以上。这些因素给渔业转型带来了很大困难。为此，政府加大投入，开办技能培训班，帮助渔民再就业。2007年，舟山市有1.1万渔民接受了转岗技能培训。

2. 实行增殖放流和伏季休渔

每年政府都会进行人工增殖放流，品种主要包括：中国对虾、海蜇、大黄鱼、石斑鱼、梭鱼、黑鲷等，放流数量高的年份达2亿多尾。同时结合实际情况投放人工鱼礁、建立增殖特别保护区等，以改善水域环境。

每年东海还实行为期三个多月的伏季休渔，划定了休渔区，严查帆张网、电脉冲等禁用渔具。尽管实施了许多渔业资源保护措施，小黄鱼、带鱼资源基本维持稳定，但个体仍较小；其他资源仍然不容乐观，而海洋环境污染还在不断恶化，“造大船赚大钱”的观念在渔民中依然比较普遍，新增渔船不断增加。因此保护海洋环境、实行合理捕捞渔业刻不容缓。否则，总有一天连舟山人都吃不起甚至吃不到鱼。

这次小课题研究如一剂催化剂，为课题组成员提供了崭新的创造空间，让组员们在广阔的天地里实践、探索、体验、创造。研究中，组员分工合作，相互鼓励，配合默契，收获不少好评，同学们的协作能力、沟通能力和实践创新能力都得到锻炼，提升了收集、整理、重组资料的能力。组员们在采访中懂得了以前渔民伯伯生活的辛苦，忆苦思甜让同学们更加懂得珍惜现在的美好生活。

期待着全社会共同关注和保护海洋渔业资源，保护海洋生态环境，支持生态修复，愿舟山渔场的鱼儿越来越多，越来越大！大黄鱼、墨鱼等重回餐桌！

十、舟山手工船模制作工艺调查[①]

（一）研究背景

从前，舟山是一个孤悬海上的岛屿，外出交通工具无不与舟楫相关。5000多年前，已有先民来舟山海岛生活，留下了马岙土墩遗迹。“开门见海，出门乘船”是舟山岛民的生活写照。作为土生土长的舟山人，从小便与船形影相伴。形形色色的船模代表着舟山辉煌的过去。不少同学在日常接触中对船模产生了极大的探究兴趣，作为新一代的舟山海岛人，更应该了解船模文化的历史和现状。因此，课题组在这次假期展开详

① 杨舒然、张逸敏

细调查，并开展了一系列保护活动。

（二）研究目的

（1）了解目前手工船模发展及保护的现状

（2）了解古帆船工作原理及工艺流程，感受船模魅力与文化

（3）了解关于舟山船模的保护措施，为家乡非物质文化遗产的保护作宣传，让船模文化走进生活，教育下一代并使之传承和发扬

（三）研究内容

（1）舟山船模文化

（2）人们对船模的认识

（3）舟山手工船模制作工艺

（四）研究方法

观察法、采访法、文献法、实验法。

（五）活动过程

1. 了解船模文化现状

（1）实地考察，了解船模文化。

【考察内容】了解各种船模的发展史

【考察时间】2015 年 9 月 5 日至 6 日

【考察地点】朱家尖顺母造船厂——“绿眉毛”船；舟山博物馆——各种船模。

【考察足迹】

足迹一：朱家尖顺母造船厂——远眺“绿眉毛”船（图 3-40，图 3-41）。

图 3-40　乌石塘的“绿眉毛”船

图 3-41　渔港中的“绿眉毛”船

足迹二：舟山博物馆——参观船模（图 3-42）。

图 3-42　参观船模

【考察结果】见表 3-24。

表 3-24　手工船模制作工艺考察情况记录表

时间	地点	船模	考察记录
2015 年 9 月 5 日	朱家尖顺母造船厂	“绿眉毛”	在顺母造船厂，课题组观察到舟山“绿眉毛”传统帆船，艏部形似鸟嘴，船头眼上方有条绿色眉毛，它是我国“鸟船”系列中的优秀船型，并与沙船、福船、广船一起，并称我国古代“四大名船”。 经查证，1405—1433 年，明代伟大航海家郑和率领的庞大船队扬帆出海，七下西洋，遍访亚非 30 多个国家和地区，不仅开启了世界航海大发现的先河，而且树立了中华民族与邻为善、睦邻邦交、共同发展的和平典范，堪称中华民族乃至人类航海史的巅峰之一。“绿眉毛”就是船队的主力船型之一。舟山“绿眉毛”传统帆船是舟山海洋文化的摇篮，是浙江海上运输、海洋渔业捕捞主要船型。“绿眉毛”古木帆船船型在宋代就已成形，并在明、清得到广泛应用
2015 年 9 月 6 日	舟山博物馆	各种各样的船模	在博物馆讲解员叔叔的带领下，课题组看到了形形色色、大小迥异、五彩缤纷的船模。经过介绍得知：船模的制作是有历史依据的，不同的船有不同的叫法。古代船舶可分为舟、舸、艨艟、楼船、平船、逻船。而古代船只的造船材料也是大不相同，常见的种类有：松木、柏木、柚木、榆木、赤木、樟木、楠木、楸木、桧木等。不同的材料被应用在船只不同的部位。 讲解员还向组员们详细介绍了中国传统船舶的特征：中国在长期的船舶制造和航海实践中，根据各地不同的地理环境和特殊条件制造出各种不同的传统船型。在 20 世纪 60 年代，保留下来的传统船型有 1000 种以上，以我国海船为例，保留有“绿眉毛”、沙船、福船、广船四大船型。除我们熟悉的“绿眉毛”外，平底的沙船多航行于北方海域，尖底的福船、广船多航行于南方海域及东南亚、南亚海域。20 世纪 70 年代，随着船用内燃机广泛应用，传统帆船迅速销声匿迹。至 20 世纪 90 年代，中国沿海地区传统帆船几近绝迹，只有个别内陆水域尚保留有传统帆船的踪影

【考察收获】

参观完各种船模后，课题组对古帆船有了更直观的认识。通过相关资料的查阅和博物馆人员的介绍，成员们了解了各种船模的发展史，感受了古代木船气息，领略到了古代人民的智慧力量。

(2)发放问卷，调查人们对船模的认知。欣赏了船模的魅力及感受到船模文化的博大精深后，课题组不禁好奇，自己这个年龄段的学生和父辈对船模了解有多深？带着这个困惑，课题组针对这两类人“对船模的了解程度及兴趣”这一关注点展开了问卷调查。本次学生问卷共发放120份，在1~6年级中各随机选取20名学生进行调查。家长问卷同上。

【调查时间】2015年9月2日。

【调查对象】课题组商定，调查对象为学生和家长。

【调查内容及统计】调查内容及统计结果见表3-25、表3-26。

表3-25　学生调查问卷

1. 你听过船模吗			
A. 听过	18人(90%)	B. 没有	2人(10%)
2. 你观赏过手工船模吗			
A. 看过	3人(15%)	B. 没看过	17人(85%)
3. 如果有与“手工船模”相关的介绍视频你是否会观看			
A. 会	15人(75%)	B. 不会	5人(25%)
4. 你觉得舟山手工船模这门技艺是否值得传承下去			
A. 值得	20人(100%)	B. 不值得	0人
5. 你长大以后是否有兴趣学习船模制作			
A. 有	12人(60%)	B. 没有	8人(40%)

表3-26　家长调查问卷

1. 您听说过船模吗			
A. 听过	80人(81.6%)	B. 没有	18人(18.4%)
2. 您带孩子观赏过手工船模吗			
A. 看过	25人(25.5%)	B. 没看过	73人(74.5%)
3. 您是否会和孩子一起观看相关船模视频			
A. 会	35人(35.7%)	B. 不会	63人(64.3%)
4. 您觉得舟山手工船模这门技艺是否值得传承下去			
A. 值得	95人(96.9%)	B. 不值得	3人(3.1%)
5. 您是否会让孩子长大后参与船模制作工作			
A. 是	10人(10.2%)	B. 否	88人(89.8%)

【调查分析】

在接受调查的学生中，超过 80% 听说船模，对古船模型感兴趣，但了解不多，比较了解的学生多数集中在 4~6 年级。大家都觉得舟山手工船模这门技艺是值得传承的，但对如何传承并没有明确的认识。绝大部分家长对船模有了解，这和一些家长的生活背景有关，但多数家长在日常活动中对孩子关于船模的知识渗透欠缺，几乎没有带孩子参与过与船模有关的活动。为此，课题组一致认为很有必要在学生中开展与手工船模有关的活动，深入探究船模。

(3) 访问专家，传承船模工艺。目前的船模工艺还在延续传承吗？课题组决定开展专题采访。组员们兵分几路，对相关人员进行了采访和调查。

【镜头一】访问参观岑氏木船作坊，如图 3-43 至图 3-45 所示。

图 3-43 了解岑氏木船作坊发展史

图 3-44 参观岑氏木船技能实操考核地

图 3-45 登上岑氏木船实地参观

【访问要点】

岑伯伯告诉课题组：他小时候家里穷，小学都没有毕业就辍学谋生。17 岁开始造船，一开始只觉得有趣，后来经过多年积累，慢慢喜欢上了这一行业。2003 年开始，他自己开了木船作坊，到现在已经有十多年了，一路走来靠的是实实在在的技术和不懈的坚持。从自己做船开始算的话起码已经做了好几百艘了，其中名声最响的就是乌石塘的“绿眉毛”。岑伯伯认为，船模制作是舟山人的艺术宝藏，肯定要将其发扬光大。目前他带了三个徒弟，几年学习下来，他们的技术日渐成熟。他现在最希望的是那些对船感兴趣、动手能力强的孩子能来作坊实习，继承这门手工艺术。

经过实地参观和访问，大家了解到：2008 年，享誉海外的传统木船制造技艺入选国家级非物质文化遗产名录。2015 年 3 月 24 日下午，国家级非物质文化遗产进校园暨舟山《传统木船制造技艺》传承活动启动仪式在舟山第二小学举行——这是“岑氏木船”作坊首次和舟山市中小学合作。这一举动将极大提升人们对木船制作的兴趣、提高学生动手能力，增进学生对舟山的国家级非物质文化遗产项目“传统木船制造技艺”的了解。岑伯伯表示希望能再一次到学校教同学们制作木船。

2. 现状总结，了解目前手工船模发展及保护的现状

课题组总结得出以下结论。

1) 舟山船模蕴藏丰富的研究价值

(1) 信仰与审美。舟山船模的结构与色彩直观反映了舟山人民的海神龙王信仰，是祈福、崇拜的综合体现，在满足生产需要外，还体现一定的审美。目前，舟山船模已经成为舟山人民家居装饰的常见品，甚至被世界各地收藏家收藏。这些船模作为一种文化象征，满足了人们的审美情趣。

(2) 标志与指示。舟山船模是在制造大船前先制造的模型，以观其外形，测其浮力。现在，船模已成为以舟山为代表的中国海洋文化的一部分，成为中国古代造船技艺的标志。

(3) 传统与规范。舟山船模的创作是舟山人民造船技艺传统与规范的艺术化反映，匠人用斧凿将传统与规范统一寄托在舟山船模上。经过百年的传承发展，舟山船模已经被社会群体广泛接受，反映了当地人的精神面貌，舟山人民的愿望与需求也以舟山船模为载体代代传承。

2) 舟山船模亟待保护和传承

从清末到中华人民共和国成立前，舟山船模一度濒临失传。尽管 1949 年以后受到人民政府的保护，但在“文化大革命”中，船模与其他传统技艺一起沦为“四旧”，这让船模制作艺人被迫舍弃船模制作工艺，社会对船模也几乎没有需求。改革开放后，随着人们对传统文化越来越重视，舟山船模逐渐回到人们的视野中，保护文化遗产的重要性日益凸显。

3. 保护船模工艺

【实验足迹】

(1)加强宣传，建设船模基地。课题组通过发放传单、绘制手抄报、口头宣传等方式对船模景点(乌石塘、岑式船模作坊)进行大力宣传，加强对舟山船模及制作技术的保护。同时，建议系统梳理舟山船模发展，收集与船模有关的资料，整理现有的船模图纸，投资建立相关的博物馆，实现对实物资料的永久保护；对国内国外其他船模也进行相关收集整理，做好比较研究，取其精髓，完善舟山船模的制作技艺及特色。

(2)参观船行，学习制模流程。这么大的木船，是如何在没有发动机的年代开动起来的呢？于是课题组对船模进行了沉浮实验，结果木质船模和泡沫船模均能在水中浮起来(图 3-46)。看着巨大的木船，有组员提出：木船是如何前进的呢？课题组通过观看现代帆船航行的视频进行了类比，并求助了高中物理老师，学习到了新的科学知识。课题组起初认为，帆船是被风推着跑的，顺风航行就能让船获得最快的速度。事实果真如此吗？其实，帆船完全顺风反而不能获得最佳速度。这是什么原因呢？老师用空气动力学原理分析了这个问题。

图 3-46　开展小船在水中的沉浮实验

【实验收获】

实际上，空气作用于帆的力有两种形式：一种是动压力，另一种是静压力。在老师的指导下，课题组做了个小实验，在下嘴唇贴上一张长形的小纸条，然后用力往前方吹气，本来下垂的小纸条反而向上飘起来。这样，气体流速小的一侧对流速大的一侧产生一个侧向的压力，这个力就是静压力，帆船迎风航行正是在这个静压力的推动下前进的，当保持船头与海风的方向成 30°～40°角时，推动效率最高。同样，以手持小纸条不断调整与气流的角度可得到最容易使纸条向前的角度(图 3-47)。我们的祖先将这么深奥的科学知识运用得出神入化，大家不禁为学到了新知识而兴奋，更为祖先的智慧而自豪。

图 3-47　寻找最容易让纸条向前的角度

【制作足迹】

做船模，动手亲身体验。为了更好地体验船模制作，课题组决定亲自制作小型船模(图 3-48)。

图 3-48　亲手组装、制作船模

【制作收获】

最后的结果虽然和课题组设想的结果相差较远，但是这只“船”是大家亲手制作的，组员们都十分兴奋。大家都感叹：只是用最简单的材料做一个船模就这么难，手工木质船模制作的难度和技巧可想而知。组员深深佩服那些工匠师傅们，他们不愧是我们舟山非物质文化遗产手工工艺的传承者。

经过这次自行制作船模，课题组决定向老师和学校建议开设专门的手工船模制作课程，不仅能增强学生的历史认同感，提升舟山人的自豪感，还能提高大家的动手能力。同时，同学们可以邀请家长一起参与船模制作，增进亲子感情，在船模的制作过程中，使社会各界认识到艺非物质文化遗产保护与传承的重要性。

(六)研究结论

作为几百年延续不断的传统文化，舟山船模的内容和形式已经深入人心，在民间和收藏界也颇受欢迎。应该积极将船模行业和市场、文化需求相结合，寻找新的发展点。

1. 提出建议

(1)鼓励船模作坊增加产量。建议政府给予岑氏等各船模制作坊适当的支持政策，鼓励他们多造船、造好船、重特色、强文化；再通过宣传、对外交流等形式，将船模工艺发扬光大，走向国际，在宣传中华传统文化的同时，实现经济效益的提升。

(2)船模与旅游相结合。将船模作为旅游纪念品，让外地游客喜欢上舟山船模，进而对其背后的古老传统产生兴趣。

(3)加强船模保护基地建设。可以向有关部门建议，加强船模保护基地如博物馆、展示馆等场所的建设，强化科学管理，及时维修，吸引更多游客前来参观。

(4)增强舟山船模特色。结合舟山特色文化，以“不肯去观音”木船为例，将普陀山佛教文化特色融入船模制作，增强文化支撑，用人文魅力吸引更多民众关注船模。

(5)吸纳手工船模爱好者学习技艺。向全社会发出号召，广招对船模感兴趣并愿意参与制作的爱好者，扩大船模工艺继承者队伍，让这门工艺后继有人。

(6)船模工艺进校园。邀请专业船模手工艺人送教入校，培养学生对舟山船模的兴趣，提高船模制作能力，为船模手工行业的发展注入新生力量。

围绕以上六大建议，我们希望能充分将船模这一地方手工艺做大、做强、做深，得到更好的保护和传承。

2. 总结与反思

本次研究从课题组共同的兴趣爱好出发，在活动前充分讨论，做好统筹规划，虽然开展的时间不是很长，但各项活动按计划如期进行，圆满完成了课题研究。

在这次研究中，课题组实地参观了朱家尖顺母造船厂、舟山博物馆，走访了岑氏木船作坊负责人，利用各种可行途径对船模现状进行了深入了解与调查。在保护行动中，同学们从自己身边的小事做起，积极宣传。特别值得一提的是，课题组走进普陀中学物理实验室，向专业老师了解了帆船的工作原理，结合科学知识，亲自动手体验制作模型，与更多的学生分享，这是对船模手工艺流程的有效传承。同时，组员积极发扬主人翁意识，从学生的视角和可行性角度为船模保护和传承提出了合理化建议。有关部门人员被课题组的探究精神及责任感所感动，他们承诺把同学们的想法落实到日后工作中，发动社会大众共同加入到船模制作技艺保护的队伍中来。

本次研究也存在不足：首先是课题组在参观船模基地时都比较兴奋，导致随意性比较大，没有很好地围绕计划目标进行有针对性的观察，对于要调查的内容考虑还不够深入细致；其次是在总结船模现状的时候，大家没有很好地进行提炼，对于现状的把握比较零散，最后在家长和老师的指导下完成总结概括。

这次调查，课题组体会良多。一个小小的船模竟能折射出这么悠远的历史，蕴含着如此丰富的文化结晶。虽然力量有限，但是大家相信“众人拾柴火焰高”，只要带着永不停止的好奇心和探究心，再小的力量也是有作用的。让更多人共同加入到对舟山船模的保护中，让舟山船模这一民间文化精品在历史长河中熠熠生辉。

专题四　海洋环境保护行动

海洋，是生命之源，是人类食物的重要来源，为人类提供大量的能源和物质。海洋也是全球气候系统的核心和重要的生态系统组成部分，影响着地球上所有生物的生存现状和生存环境。海洋的一切都与人类生活息息相关。但是，随着人类对海洋污染与破坏的加重，越来越多的迹象表明海洋已无力再承受持续的污染和破坏，人类正在摧毁自己赖以生存的系统。保护海洋已经刻不容缓。

本专题主要设计了八项学生力所能及的海洋环境保护行动方案，从了解赤潮这样的基础知识开始，到海洋垃圾分类、“净滩”志愿者行动、海洋减塑行动这种全社会性活动，到禁渔季调查、走访污水厂、考察近海湿地等区域性活动，最后对海洋环保的新进展进行详细介绍，帮助读者了解海洋环保的新趋势。重在加强海洋环保力度、深化环保宣传、唤醒人们的海洋环保意识。

学习定位：了解海洋环境污染与破坏的原因及现状，能主动参与各种海洋环保公益行动，通过改变自己的行为来改善海洋生态现状和减少海洋污染，并能进行保护海洋环境的宣传，从我做起并影响他人，成为一名终身致力于海洋环保的公益行动者。

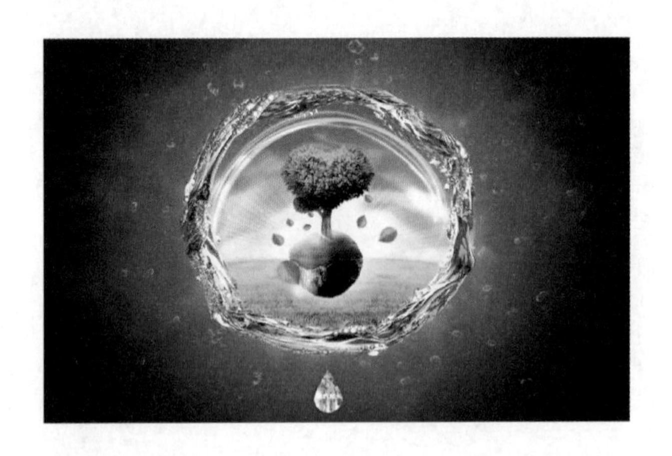

一、海洋污染概述

世界各国都极为重视海洋的开发和利用，但是早期人们在开发利用海洋的过程中，没有考虑海洋环境的承受能力，低估了自然界的反作用，使全球海洋受到不同程度的损坏。如今海洋污染问题日益严重，对人类生产和生活均构成了严重威胁，海洋环境保护问题已成为当今全球关注的热点之一。

(一)海洋污染

联合国教科文组织政府间海洋学委员会对海洋污染的明确定义为：由于人类活动，直接或间接地把物质或能量引入海洋环境，造成或可能造成损害海洋生物资源、危害人类健康、妨碍捕鱼和其他各种合法活动、损害海水的正常使用价值和降低海洋环境的质量等有害影响。海洋污染(marine pollution)通常是指人类改变了海洋原来的状态，使海洋生态系统遭到破坏的行为。有害物质进入海洋环境而造成的污染会损害生物资源、危害人类健康、妨碍捕鱼和人类在海上的其他活动，损害海水质量和环境质量等。海洋面积辽阔，储水量巨大，因其强大的自净功能，长期以来是地球上最稳定的生态系统。然而近几十年，随着世界工业的发展，海洋的污染也日趋严重，使局部海域环境发生了很大变化，并有继续扩展的趋势(图4-1)。

图4-1　海洋污染

(二)海洋污染物分类

污染海洋的物质众多，从形态上分有废水、废渣和废气。根据污染物的来源、性质和毒性，以及对海洋环境造成危害的方式，大致可以把污染物分为以下几类。

1. 石油及其产品

这类污染物包括原油和从原油中分馏出来的溶剂油、汽油、煤油、柴油、润滑油、石蜡、沥青等，以及经过裂化、催化生成的各种产品。每年排入海洋的石油污染物约1000万t，主要是由工业生产，包括海上油井管道泄漏、油轮事故、船舶排污等造成的，特别是一些突发性的事故，一次泄漏的石油量可达10万t以上。这些事故造成海洋生物大量死亡，严重影响海产品的价值，以及其他海上活动(图4-2)。

图4-2　身上沾满石油的企鹅

2. 重金属和酸碱

这类污染物包括汞(Hg)、铜(Cu)、锌(Zn)、钴(Co)、镉(Cd)、铬(Cr)等重金属，砷(As)、硫(S)、磷(P)等非金属以及各种酸和碱。自20世纪50年代日本出现由镉引起的“骨痛病”和由甲基汞引起的“水俣病”以后，各沿海国家和海岛国家都十分重视重金属对海洋环境的影响。所谓重金属，就是指密度大于5 g/cm^3的金属。对于生物体而言，生长发育包括必需金属和非必需金属。必需金属是指有机体进行正常生理活动所不可缺少的金属，如铜(Cu)、铁(Fe)、锌(Zn)、镁(Mg)、钴(Co)、锰(Mn)、钼(Mo)、镍(Ni)等，然而当必需金属浓度在有机体内累积超过某一阈值水平时也会对机体产生毒害作用。非必需金属[指镉(Cd)、汞(Hg)、银(Ag)、铅(Pb)、金(Au)和一些不常见的大原子量金属]不参与有机体的代谢活动，组织内含有极少量非必需金属就能对有机体产生较严重的毒害作用。

3. 农药

这类污染物包括农业上大量使用含有汞、铜以及有机氯等成分的除草剂、杀虫剂，以及工业上应用的多氯联苯等。这类物质一般具有很强的毒性，进入海洋经海洋生物体的富集作用，会通过食物链进入人体，产生的危害性就更大，每年全球因此中毒的人数超10万，近年来新出现的一些癌症类型与此也可能有密切关系。

4. 有机物质和营养盐类

这类物质比较繁杂，包括工业废弃物中的纤维素、糖醛、油脂；生活污水中的粪便、洗涤剂和食物残渣；农业中化肥的残液等。这些物质进入海洋，造成海水的富营养化，能造成某些生物急剧繁殖，大量消耗海水中的氧气，形成赤潮，继而引起大批鱼虾贝类的死亡。

5. 放射性物质

放射性物质主要包括核武器试验、核工业和核动力设施运行过程中释放出来的人工放射性物质，主要是锶-90、铯-137 等半衰期为 30 年左右的同位素。据估计，进入海洋中的放射性物质总量为 2 亿~6 亿居里。在较强放射性水域中，海洋生物通过体表吸附或通过食物进入体内，并逐渐积累在器官中，通过食物链作用传递给人类。

6. 固体废物

固体废物主要是指工业和城市垃圾、船舶废弃物、工程渣土和疏浚物等。据估计，全世界每年产生各类固体废弃物约百亿吨，即使只有 1%进入海洋，其量也达亿吨。这些固体废弃物会严重损害近岸海域的水生资源并破坏沿岸景观。

7. 废热

废热污染是指工业排出的热废水造成海洋的热污染，在局部海域，如有比正常水温高出 4℃以上的热废水常年流入，就会产生热污染，将造成水中溶解氧降低并破坏生态平衡。

上述各类污染物质大多是从陆上进入海洋的，也有一部分是由海上直接进入或是通过大气输送到海洋的。这些污染物质在各个水域分布是极不均匀的，因而造成的影响也各不相同。

（三）海洋污染特点

由于海洋的特殊性，海洋污染与大气、陆地污染有很多不同，其突出的特点有以下几项。

1. 污染源广

不仅人类在海洋的活动可以污染海洋，其在陆地上的活动所产生的污染物，通过江河径流、大气扩散和雨雪等传输方式，最终都将汇入海洋。

2. 持续性强

海洋是地球上地势最低的区域，不可能像大气和江河那样，通过一次强降雨或一个汛期，使污染物转移或浓度降低至危险水平以下。一旦污染物进入海洋，很难再转移出去，不能溶解和不易分解的物质在海洋中越积越多，最后通过生物的浓缩作用和食物链传递，对人类造成潜在威胁。

3. 扩散范围广

全球海洋是相互连通的一个整体，一个海域污染了，往往会扩散到周边，甚至有的后期效应还会波及全球。

4. 防治难、危害大

海洋污染有很长的积累过程，不易被及时发现，一旦形成污染，需要长期治理才能消除影响，且治理费用大，造成的危害会影响到各方面，特别是对人体产生的毒害，更是难以彻底清除。

(四)海洋污染因素

1. 陆源污染

陆源污染是指陆地上产生的污染物进入海洋后对海洋环境造成的污染及其他危害。沿海农田施用农药，在岸滩弃置、堆放垃圾和废弃物，也会对环境造成污染损害。

2. 船舶污染

船舶污染主要是指船舶在航行、停泊港口、装卸货物的过程中对周围水环境和大气环境产生的污染，主要污染物有含油污水、生活污水、船舶垃圾三类。另外，还包括产生粉尘、化学物品、废气等，但总的说来，这些因素对环境影响较小。

3. 海上事故

海上事故包括船舶搁浅、触礁、碰撞以及钻井平台石油井喷和石油管道泄漏等。

4. 海洋倾废

海洋倾废是指向海洋倾泻废物以减轻陆地环境污染的处理方法。通过船舶、航空器、海上平台或其他载运工具向海洋排放废弃物或其他有害物质的行为。也包括弃置船舶、航空器、海上平台和其他浮动工具的行为。这是人类利用海洋环境处置废弃物的方法之一。

5. 海岸工程建设

一些海岸工程建设改变了海岸、滩涂和潮下带及其底土的自然性状，破坏了海洋的生态平衡和海岸景观。

二、赤潮现象探究

随着现代化工农业生产的迅猛发展，沿海地区人口的增多，大量工农业废水和生活污水排入海洋，其中相当一部分未经处理就直接排入海洋，导致近海、港湾富营养化程度日趋严重。同时，由于沿海开发程度的提高和海水养殖业的发展，也引发了各种近海污染问题；海运业的发展导致外来有害赤潮种类的引入；全球气候的变化也导致了赤潮的频繁发生。目前，赤潮已成为一种世界性的公害，美国、日本、中国、加拿大、法国、瑞典、挪威、菲律宾、印度、印度尼西亚、马来西亚、韩国、中国香港等 30 多个国家和地区的近海海域赤潮发生得都很频繁。

(一) 赤潮的成因

赤潮，又称红潮，国际上也称其为“有害藻类”或“红色幽灵”。它是在特定的环境条件下，由于海水中某些浮游植物、原生动物或细菌爆发性增殖或高度聚集而引起水体变色的一种有害生态现象(图 4-3)。赤潮并不一定都是红色，根据引发赤潮的生物种类和数量的不同，海水有时也呈现黄、绿、褐色等不同颜色。赤潮主要包括淡水系统中的水华、海洋中的一般赤潮，以及近几年新定义的褐潮(抑食金球藻)、绿潮(浒苔类)等。

图 4-3　赤潮

赤潮的产生与人们使用的洗涤液和工厂排放的工业废水进入海洋是分不开的。这些废水中磷含量非常高，进入海洋后会极大促进水藻的繁殖，从而形成可怕的赤潮。是否所有赤潮都有危害呢？关于赤潮的分类主要有两种。

(1) 有毒赤潮是指赤潮生物体内含有某种毒素或能分泌毒素。有毒赤潮一旦形成，可对区域内的生态系统、海洋渔业、海洋环境以及人体健康造成不同程度的毒害。

(2) 无毒赤潮是指赤潮生物体内不含毒素或不分泌毒素。无毒赤潮对海洋生态、海洋环境、海洋渔业也会产生不同程度的危害，但基本不产生毒害作用。

(二)赤潮的危害

赤潮会给大海带来哪些影响？赤潮会给人们生活带来哪些危害？在我们的附近海域有没有出现过赤潮现象？危害情况如何？赤潮为什么会有这么大的危害？原来，一旦出现赤潮，水藻的生长需要消耗大量的氧气，以致海里的生物缺氧死亡。为证实这一点，可以采访海岛居民对家乡海水的变化和对赤潮的看法，也可以上网查找引发赤潮的多方面原因，还可以亲自采集海水样本，测 pH 值，分析海水的酸碱程度与赤潮的关系(图 4-4)。

图 4-4　采集海水样本研究赤潮

开展上述实践活动的记录表可以参考表 4-1。

表 4-1　分析海水酸碱程度与赤潮关系的实践活动记录表

取水者：　　　　　　　　取水地：　　　　　　　　取水时间：

序号	活动过程	结果记录		诊断
1	望[看(色、漂浮物、悬浮物、沉淀物)]			
2	闻(气味)			
3	切[测(pH 值)]			

读者可通过互联网检索相关知识，了解标准。

那么检测赤潮毒性有什么科学方法呢？据悉，海产贝毒酶联免疫检测试剂盒和试纸在检测赤潮毒素中能够很好地满足准确度、精密度的要求；试纸条可快速对赤潮毒素进行检测。这种试剂盒与试纸可在监测船载、车载、岸基台站推广应用，提高赤潮毒素的快速检测能力。

(三)赤潮的防治与对策

1. 预防措施

(1)建立完善的赤潮监控体系，及时发现赤潮，采取防范措施。

(2)控制海域的富营养化。主要包括：应重视对城市污水和工业污水的处理，提高污水净化率；合理开发海水养殖业。

(3)改善水体和底质环境。在水体富营养化的内海或浅海，有选择地养殖海带、紫菜等大型经济海藻，既可净化水体，又可获得一定经济收益；利用自然潮汐的能量提高水体交换能力；利用挖泥船、吸泥船清除受污染底泥，或翻耕海底，或以黏土矿物、石灰浆及沙等覆盖受污染底泥，来改善水体和底质环境。

(4)控制有毒赤潮生物的引入。制定完善的法规和措施，防止有毒赤潮生物经船只和养殖品种进入养殖区。

(5)防止赤潮生物毒素危害人体。

2. 治理措施

目前对赤潮的治理还没有行之有效的方法。现有的方法不是操作困难就是成本偏高。而比较可行的是一种应急措施，即沉箱法或迁移法。其方法是将水产养殖设施沉入海底或迁移到未发生赤潮的海域。对不能移动的养殖场要提前出池，以免造成更大损失。此外，还可通过机械装置进行增氧，以防因赤潮引起的养殖生物窒息死亡的情况发生。

3. 防治对策

关于赤潮的治理方法，据报道已有多种，主要分为物理方法、化学方法以及生物学方法。

(1)物理法。目前国际上公认的一种是撒播黏土法。

(2)化学除藻法是利用化学药剂杀死藻类细胞和抑制生物活性的方法进行控制、杀灭赤潮生物，具有见效快的特点。

(3)生物学方法治理赤潮的办法主要是有三个方面：一是以鱼类控制藻类的生长；二是以水生高等植物控制水体富营养成分以及藻类；三是以微生物来控制藻类的生长。其中，因微生物易于繁殖，使得微生物控藻成为生物控藻方法中最有前途的一种。

三、海洋垃圾分类

海洋垃圾是指海洋和海岸环境中具持久性的、人造的或经加工的固体废弃物。海洋垃圾影响海洋景观，威胁航行安全，并对海洋生态系统的健康产生影响，进而对海洋经济产生负面效应。这些海洋垃圾一部分停留在海滩上，一部分可漂浮在海面或沉入海底(图 4-5)。如果不采取措施，海洋将无法负荷，众多海洋生物也无法生存。正确认识海洋垃圾的来源，从源头上减少海洋垃圾的数量，才能降低海洋垃圾对海洋生态环境产生的影响。

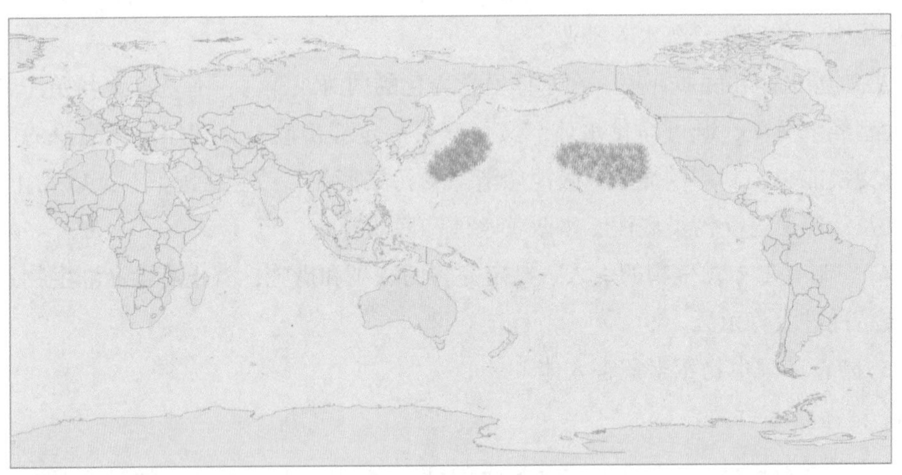

审图号：GS（2020）7278号

图 4-5　太平洋上的“海洋垃圾带”示意图

(一)海洋垃圾分类

1. 海面漂浮垃圾

监测结果表明，海面漂浮垃圾主要为塑料袋、漂浮木块、浮标和塑料瓶等。海面漂浮的大块和特大块垃圾平均个数为 0.001 个/百 m^2；表层水体小块及中块垃圾平均个数为 0.12 个/百 m^2。海面漂浮垃圾的分类统计结果表明，塑料类垃圾数量最多，占 41%；其次为聚苯乙烯塑料泡沫类和木制品类垃圾，分别占 19%和 15%。表层水体小块及中块垃圾的总密度为 2.2 g/百 m^2。其中，木制品类、玻璃类和塑料类垃圾密度最高，分别为 0.9 g/百 m^2、0.5 g/百 m^2 和 0.4 g/百 m^2。

2. 海滩垃圾

海滩垃圾主要为塑料袋、烟头、聚苯乙烯塑料泡沫快餐盒、渔网和玻璃瓶等。海滩垃圾的平均个数为0.80个/百m^2，其中塑料类垃圾最多，占66%；聚苯乙烯塑料泡沫类、纸类和织物类垃圾分别占8.5%、7.6%和5.8%(其他垃圾占12.1%)。海滩垃圾的总密度为29.6 g/百m^2，木制品类、聚苯乙烯塑料泡沫类和塑料类垃圾的密度最大，分别为14.6 g/百m^2、4.3 g/百m^2和3.5 g/百m^2。

3. 海底垃圾

海底垃圾主要为玻璃瓶、塑料袋、饮料罐和渔网等。海底垃圾的平均个数为0.04个/百m^2，平均密度为62.1 g/百m^2。其中塑料类垃圾的比例最大，占41%；金属类、玻璃类和木制品类分别占22%、15%和11%。

(二)海洋垃圾来源

海洋中的塑料垃圾主要有三个来源，一是暴风雨把陆地上掩埋的塑料垃圾冲到大海里；二是海运业中的少数人缺乏环境意识，将塑料垃圾倒入海中；第三就是各种海损事故。

2008年的海洋垃圾监测统计结果表明，人类海岸活动和娱乐活动以及航运和捕鱼等海上活动是海滩垃圾的主要来源，分别占57%、21%；人类海岸活动和娱乐活动，其他弃置物是海面漂浮垃圾的主要来源，分别占57%和31%。

据法国《费加罗报》报道，2013年，约有150万只(头)动物成为海洋中塑料垃圾的受害者。法国发展研究院(IRD)研究员劳伦斯·莫里斯表示，这一问题可能还在恶化。塑料垃圾造成的海洋污染对动物存在巨大影响。在北太平洋，30%的鱼会吃下塑料，这对它们是致命的。而塑料中的毒素，最终则会回到人类的餐桌。报道指出，人们把海洋上漂浮的塑料垃圾整体称为“第八大陆”。人类的行为和洋流导致这些塑料垃圾集中在一起，分布于北太平洋、南太平洋、北大西洋、南大西洋及印度洋中部，造成污染。报道称，塑料垃圾最主要的集中区域在美国加利福尼亚和夏威夷之间的海域。自1997年被发现后，如今它的面积已经达到350万km^2，相当于法国本土面积的6.5倍。每年，这片“第八大陆”面积会增加8万km^2。

(三)海洋垃圾危害

海洋垃圾不仅会造成视觉污染，还会造成水体污染，使水质恶化。海洋中最大的塑料垃圾是废弃的渔网，它们有的长达几英里，被渔民们称为“鬼网”。在洋流的作用下，这些渔网绞在一起，成为海洋生物的“死亡陷阱”。这些“鬼网”每年都会缠住和淹死数千只(头)海豹、海狮和海豚等(图4-6)。其他海洋生物则容易把一些塑料制品误当食物吞下，例如海龟会吞食酷似水母的塑料袋(图4-7)；海鸟则偏爱打火机和牙刷，因为它们的形状很像小鱼。可是当想将这些东西用来哺育幼鸟时，弱小的幼鸟往往会被噎死。塑料制品在动物体内无法消化和分解，误食后会引起胃部不适、行动异常、生育繁殖能力下降，甚至死亡。海洋生物的死亡最终导致海洋生态系统被破坏。

图 4-6　被渔网缠住的海豹

图 4-7　正在“捕食”塑料袋的海龟

塑料垃圾还会威胁航行安全。废弃塑料会缠住船只的螺旋桨，特别是被称为“魔瓶”的各种塑料瓶，它们会损坏船身和机器，引起事故和停驶，给航运公司造成重大损失。

人类海岸活动和娱乐活动，航运、捕鱼等海上活动是海滩垃圾的主要来源。据统计，塑料和聚苯乙烯类制品占海洋漂浮垃圾的 90%。

专家们认为，海洋垃圾正在吞噬着人类和其他生物赖以生存的海洋。如再不采取措施，海洋将无法负荷，人类和其他生物都将无法生存。为此，专家强烈呼吁，公众应增强海洋环保意识，不随意向海洋抛弃垃圾，从源头上减少海洋垃圾的数量，以降低海洋垃圾对海洋生态环境产生的影响，共同呵护我们的“蓝色家园”。

(四)相应措施

1. 海洋垃圾监测

为了掌握海洋垃圾的种类、数量和来源，并评估其演变趋势，国家需建立起相应的海洋垃圾监测机制，并在监测的同时清除海洋垃圾。

2. 海洋垃圾清除

清理海洋塑料垃圾的方法可按照区域分为海岸、海滩收集法和海上船舶收集等方法。其中海岸、海滩收集法要比海上船舶收集法简单许多。海洋垃圾具有持续性强和扩散范围广两个特点，这两个特点加大了海上船舶收集垃圾的难度。同时，海上收集垃圾时对船只的技术要求也很高。船只要能形成高速水流通道，同时还要装载翻斗设备和可升降聚集箱等设备，才能将漂浮在海上的塑料垃圾聚集起来。

3. 加强公众教育

对向海洋中倾倒垃圾的行为加强处罚力度，可以有效地阻止这一做法。如 1993 年，美国豪华邮轮“帝王公主”号因为向海中倾倒 20 个垃圾袋被罚款 50 万美元。这个额度的罚款对向海洋随意倾倒废弃物行为颇具威慑力。

4. 建立创收项目

将回收及循环利用与海洋污染物联系起来，可以形成一定产业。东非一些国家就设立了将被洋流冲上岸的海洋垃圾进行回收整理，并进行再利用的项目。这些项目为当地创造了不少就业机会，为提升当地人民收入水平做出一定贡献。这样的项目还在进一步推进。

四、“净滩”志愿行动

近几十年来，海洋垃圾已经严重威胁到了生态系统以及人类社会的安全——废弃渔网、塑料垃圾、泡沫垃圾、生活污水、废油、农药、物种入侵……无数的海洋生物因此丧生，人类的生活也受到严重影响。面对海洋污染，我们能做什么？怎样才算是低碳生活？怎样做才算是有责任感的海边游客？怎样帮助清理侵袭海岸的绿藻？如何才能少用塑料制品，避免“塑化”海洋？在这部分，我们将详细介绍“净滩”志愿活动。

“净滩”是一个致力于通过对各种水体及周边进行垃圾捡拾与垃圾分类活动，唤起企业与公众保护海洋等水体意识的项目。通过“净滩”活动，及时有效地清洁海滩，可避免垃圾再次进入大海，还能够让人们了解海滩环保工作的意义，共同保护海洋（图 4-8）。

图 4-8　学生参加“净滩”活动

(一)活动宣传，意义理解

学校、班级层面可积极宣传保护海洋，传授净化海滩知识；举行相关主题班会，让学生了解国际海滩清洁日、世界清洁地球日，了解活动意义。一天的捡拾其效果是有限的，其主要目的是让更多人关注我们生存的环境。

1. 国际海滩清洁日

国际海滩清洁日(International Coastal Cleanup，ICC)是由美国海洋保育协会(Ocean Conservancy)在1986年发起的全球性志愿者活动，于每年9月的第三个周六全球同步进行。国际海滩清洁日的最大特色为：参与者在捡拾垃圾、清洁海滩的同时，使用全球统一的数据表格记录海滩上垃圾的种类与数量。全球志愿者年复一年的努力使得这些数据发挥了巨大作用，为全球各地的科学研究、政策制定以及社会动员等工作提供了有力的支持。

2. 世界清洁地球日

世界清洁地球日(Clean Up the World Weekend，CUW Weekend)是全球性的清洁活动。该活动由澳大利亚的国际环保组织Clean Up the World发起，时间是每年9月的第三个周末。现在已成为全球最重要的环境保护活动之一，每年全世界有超过125个国家和地区的近4000万人参加这个活动。

(二)志愿报名，活动准备

学校可在国际海滩清洁日之际组织“净滩”活动(之后每月一次)，以培养学生参与志愿活动的积极性，同时也可以普及环境保护知识，营造师生关心、支持环保的氛围从而达到全民共建共享生态文明的目的。也可启动宣传并招募志愿者，在相关媒体、自媒体进行重点报道、介绍。同时，通过微信公众号向家长介绍活动的背景意义、活动时间和注意事项等，动员学生志愿报名参加活动。

报名活动结束后，组织者对志愿者进行分组，布置启动仪式现场。针对海滩垃圾情况进行提前摸底，确定好分类方式，如烟头、食物残渣、玻璃、金属、塑料制品及其他。另外，需要对各志愿者小组组长进行培训，并提前演练。要求每组五位学生，并由一名家长志愿者及教师共同管理并负责安全工作。每组准备工具包括：净滩数据记录本一本、黑色水笔一支、电子秤一个、手提秤一只、夹子七个、铁钩七个、手套七副、编织袋七个等。

(三)净滩行动，海洋监测

1. 确认垃圾分类区域

垃圾分类需要固定监测点，定时定点，一般选择大潮日的退潮时段进行垃圾监测，确保最终数据的可研究性。同时应确保活动区域不在游客活动区域内，这样人为遗留垃圾较少。若仅以捡拾海滩垃圾并清理为主，未进行科学分类与记录，就谈不上科学研究价值。本活动的意义就在于数据统计，持续地统计就能科学、理性分析问题，也是预防海漂垃圾的解决方案之一。如组织者根据 GPS(即，全球定位系统)测定经纬度后，确定一块长 105 m、宽 20 m 的区域为海洋垃圾监测点。然后将这一区域分为 5 个断面，每个断面宽 4 m，覆盖两个防浪堤坡面，用架式纤维尺精准测量后，再拉上红绳区分出断面。这样，志愿者在断面内便可进行垃圾捡拾与分类。

2.“净滩”流程：拾取—清点称重—记录

活动参与者身着志愿者服装，戴好防护手套，拿着夹子、铁钩和垃圾袋等工具分组进发，前往指定的附近沙滩开始行动。志愿者按分组到责任区域清捡垃圾，每组由志愿者领导负责分成不同小队，专门清理区域内的垃圾。

志愿者们分工合作，对沙滩上的泡沫、塑料、烟头、纸屑、食物残渣或玻璃制品等垃圾展开地毯式的搜索，就算是埋在沙子里的垃圾，也要求捡拾出来。然后由志愿者对清捡的垃圾进行清点、称重，完成记录：填写垃圾分类卡、垃圾品牌监测卡。

3. 装袋前挑选出最奇特的垃圾备用

各小组对分类的垃圾进行创意拼图，开展垃圾遐想活动。拍摄创意作品用于活动后期宣传。

(四)数据总结，调查报告

(1)志愿者自行对记录表进行分析，分析垃圾来源，以及设计减少垃圾产生的方式，为市政管理部门提出建议。

(2)各小组代表分享自己小组得出的结论及建议，反思自己的生活方式对环境可能产生的影响。

(3)编写研究性学习小报告，发出爱海公益行动倡议，呼吁大家加入海洋志愿者行列。

美丽海滩，非一日之功。一天的“净滩”活动，只能让海滩美一时。如何能让海滩一直美下去？要知道，“净滩”不只是像保洁员、清洁工那样捡垃圾就行了。要用卓有成效的行动宣传海滩清洁的必要性，感染和带动越来越多的人关心和重视海洋环境保护，提高公众的觉悟，增强公众保护海洋的意识，进而影响和感染家人、朋友、同学，直至全社会。像星星之火一样，让“净滩”成为自己的习惯和日常，让更多的人加入“净滩”的队伍，以绵薄之力，换健康海洋。力求在公益“净滩”活动的开展方面，使社会各界一起探索、建立各方在海洋保护领域的良好互动，营造出新时代人人关心环保、人人参与环保的良好氛围。

五、海洋环保创意

海洋污染已成为人类面临的重要威胁之一，大量塑料进入海洋，最终分解成微塑料，被海洋生物食用并通过食物链影响着人类。海洋塑料垃圾污染成为人类亟待解决的重大全球性海洋环境问题，因此必须加强对海洋微塑料的污染研究和管控，采取行动削减海洋塑料垃圾的污染，让公众了解人类活动对海洋的影响，团结民众参与世界海洋的可持续管理。

垃圾是被放错位置的资源，世界上并不存在废物，只是人们往往只关注到了它们在制造出来时被赋予的功能。生活中的很多“废品”都可以通过改造而得到重新利用，我们不应将它们随意抛弃而使它们流入海洋，让海洋动物们遭殃。

征集海洋保护创意设计作品，可以为热爱艺术设计、科技探究、关注环保者提供一个展现自我、表达热爱海洋、支持环保的平台。除了参与环保创意比赛活动，还可以让环保人士尝试参与设计大赛方案、制定规则、宣传活动，并最后参与创意评比，让环保人士成为活动的组织者、参与者、宣传者、评价者。作者的作品所表达的海洋环保理念，应能引起欣赏者的共鸣，用创意作品来引起公众对海洋污染问题的关注，借此向社会传达减少使用塑料制品或循环利用可回收塑料制品的意义，倡导公众环保减排，呼吁大家关注海洋环保，共同守护我们的蓝色家园。

(一)海洋环保创意作品欣赏

1. 5 t海洋垃圾打造巨型鲸鱼雕塑

该项目是对2018年比利时布鲁日三年展的“流动城市”主题的回应。布鲁克林建筑设计公司STUDIOKCA旗下的设计师詹森·克理莫斯基(Jason Klimoski)和莱斯利·张(Lesley Chang)，设计了一座约12 m高的鲸鱼雕塑Skyscraper。该雕塑的原材料使用了从太平洋和大西洋捞起来、超过5 t的塑胶垃圾，希望能够让大家更加重视海洋污染的问题(图4-9)。为了清理海洋垃圾，STUDIOKCA还和夏威夷野生动物基金(Hawaii

Wildlife Fund）合作，组织了好几次“净滩”活动，而这也成为设计师这次创作材料的来源。克里莫斯基在为这次活动所录制的短片中表示，目前在我们的海洋中，仍有 1.5 亿 t 塑胶垃圾，比在海中所有鲸鱼体重的总和还多，所以利用这次机会，让大家认识到海洋中塑胶垃圾的种类和体量，是非常重要的。

图 4-9 雕塑 Skyscraper

2. 环保公益动画广告《塑料海洋》(The Plastic Ocean)

这是 2018 年阿克梅·艾克斯(Alkemy X)为海洋守护协会(Sea Shepherd)制作的一支公益广告。每年，有数量超过 100 万的海洋生物死于塑料垃圾。创意总监古奥夫·巴利(Geoff Bailey)和艾克斯的工作人员以此为基础，创作了这支引人注目的、带有丰富情感色彩的计算机图形(CG)广告作品。虽然很短，却很震撼。在短片开头，呈现了美轮美奂的抽象海洋景色，海里的生物看上去像是非常惬意地游弋在水中，但到后面才发现这些都是虚假的表象，实际上它们承受了很多不该承受的苦痛。这种对比和反差可以带来非常强烈的效果。

3. “塑料反光镜”

“塑料反光镜”是一个互动力学装置，是由来自世界各地的 601 件海洋里的塑料垃圾制成的。该装置用 601 个防水引擎和单个运动传感器组成的像素网格来捕捉周围游客的运动轮廓。这件“塑料反光镜”，为的是唤醒人们海洋保护意识，它其实是在提醒我们，污染变得日益严重，海里的垃圾会慢慢随着食物链，最终进入我们的身体。艺术品将这个问题摆在人们面前，让我们意识到其实通过自己的努力，可以防止蔚蓝的大海逐渐变成“塑料汤”。这种互动体验突破了科学、娱乐与教育之间的界限，同时也让我们用一个新视角来看待这样一个紧迫的问题。

4. 穿在身上的海洋环保

近年来，一些体育品牌与海洋联合环保机构(Parley for the Oceans，简称 Parley) 进行了深度合作，双方联手先后推出了一系列百分之百用海洋垃圾回收制成的运动鞋。其中一些品牌的环保概念鞋的鞋面，全部是由非法偷猎船上收缴的渔网和回收的海洋废物加工制作而成的。这些鞋平均每双需要消耗 11 个塑料瓶，并且鞋垫、鞋带、鞋跟和鞋舌这些部分，也是由回收来的废弃塑料经过加工制作而成的。这些品牌的环保概念鞋子于 2016 年开始正式量产发售。

5. 垃圾造成的房子

迈克 · 雷诺兹是美国的一位建筑师，50 年来他坚持用各种各样的垃圾造房子。在他的手里，废轮胎、玻璃瓶、易拉罐等废弃物变身建筑材料。他的环保房子不但冬暖夏凉，而且可以独立供水、发电、不需要交水电费，可以说完全实现了自给自足。就是用这样的垃圾建材，雷诺兹在世界各地建起了一座座美丽、舒适、环保的“大地之舟”(图 4-10)。“大地之舟”不仅仅是化腐朽为神奇的杰出设计作品，还寄寓了雷诺兹对于“住房、用水、食物、电力、下水道、垃圾”等人类生存要素的深刻思考。“大地之舟”对我国乃至全世界的生活垃圾、建筑垃圾利用，起到了良好的示范作用。在他的作品面前，我们不得不对生存方式重新审视。

图 4-10　住宅“大地之舟”

在荷兰阿姆斯特丹，一位设计师和一位建筑师同样把塑料垃圾制成了美观且坚固的建筑材料。2016 年，他们联手设计完成了 “美丽塑料车间项目”。秉承“智慧的低技术等同于崭新的高技术”的理念，他们的设计同样为现代城市的发展带来了新的思路。

6. 废弃物变身艺术

海洋垃圾影响海洋景观，也会对海洋生态系统的健康产生影响。为增加人们对海洋问题的关注，近些年世界上有一大波热爱环保的艺术家脑洞大开，利用被冲上沙滩的垃圾，创作出了以海洋为主题的艺术作品，让人惊叹不已。英国《每日邮报》就介绍过很多惊人的艺术作品，如 Skeleton Sea 环保组织用海滩上收集的垃圾，制作出了虎鲨艺术品(图 4-11)；有的艺术家利用金属瓶盖、饮料罐等海洋垃圾创作出了一条美妙绝伦的大鱼，可谓天马行空；还有一些艺术家在冲浪的时候受到了启发，用垃圾碎屑等创作雕塑作品，比如，用爆裂轮胎、电缆、损坏的汽车零部件以及金属条创作出了如真人大小的鲨鱼，牙齿和鳍清晰可见，形象逼真，从而唤起人们对海污染问题的关注。

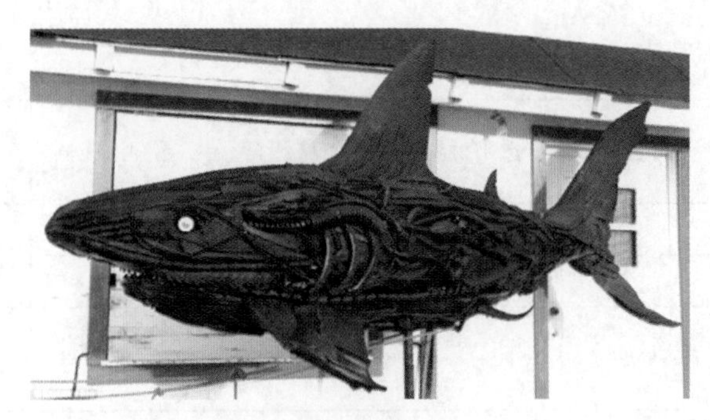

图 4-11　虎鲨艺术品

(二)海洋环保创意参赛设计

1. *参赛要求*

组织开展海洋环保创意设计的宣传活动，围绕创意设计的活动主题、表现形式、参赛形式等进行介绍，主要形式包括：海报宣传、展板宣传、微信公众号公布比赛信息、人群集中处横幅宣传、派发传单等。宣传前组织讨论大赛规则，具体如下。

(1)参赛对象。大赛面向公众征集海洋环保创意设计作品，参赛者可以个人或组队合作报名参赛。

(2)表现形式。

①平面设计：可以为海报、广告设计、徽章或其他表现形式。

②立体设计：可进行塑料拼图、垃圾搭建、缝制雕刻，也可为其他创作形式。

要求：规格方面不要过于庞大，便于在校内展示、摆放，学生个人能搬动。

(3)作品主题。紧扣保护海洋主题，着重展现海洋与人类的相互影响，特别说明人类可以为海洋保护作出的努力，体现海洋文化。

(4)作品内容。以海洋微塑料为切入点，着重展现海洋微塑料的污染现状或人类该如何行动减少海洋微塑料，也可以展示科普知识，力求主题鲜明、创意独特、新颖别致、具有科学性。

(5)参赛形式。可单人，也可多人(2~4 人)为一个参赛单位。个人或团体报送参赛作品数量均限一份。

(6)奖项设置。可设一等奖 1 名、二等奖 2 名、三等奖 3 名，最具创意奖 1 名，最佳制作奖 1 名，最具人气奖 1 名，均颁发校级证书。

2. 初赛收集

评审方对初赛作品进行初评，选出较为优秀的部分作品(表 4-2)，由评委审批后得出复赛名单，并统一规定时间进行现场比赛创作。

表 4-2　海洋环保创意作品登记表

项目内容 / 参赛学生	作品名称	选用材料	作品意义	是否原创	初赛成绩

3. 现场复赛

负责部门根据初赛结果，组织现场复赛活动。需要规划好比赛场地，确定比赛时间，划分各类创作区域，请参赛者提前准备好各类创作材料参加比赛。要求由个人或小组合作完成，具体情况结合实际作品而定。相关准备工作有：安排志愿者维持秩序；布置好比赛场地环境，营造海洋环保氛围；用电子屏或横幅展示活动主题，也可以播放海洋环保主题的歌曲，活跃现场气氛。

4. 展示拉票

负责部门集中安排时间摆放展品，组织参赛者展示并介绍自己的作品。参赛者需向参观者介绍自己的作品，并由该队员的后援志愿者团队成员请行人过来投票。这个环节不仅让参赛者表达了自己的设计理念，同时通过队员们的拉票行动向公众宣传了海洋环保知识，达到活动组织的预设效果。

5. 复赛评比

复赛选手向评委团讲解自己的作品，包括创作作品时的灵感、想法等，再由评委团结合拉票中的大众评分情况选出优秀作品，评出获胜者。最后，进行颁奖典礼。

评分标准为：主题及作品内涵占 30%；视觉效果占 30%；创意角度占 30%；附加奖励(台风，包括言行举止等；拉票得分)占 10%。

其实，在日常生活中，也有一些小小的环保创意正在萌芽。家里的灯泡坏了，改造一番就成了一个小盆栽，用糖纸折成七彩的千纸鹤，用易拉罐做成笔筒……如果说用海洋垃圾制造运动鞋，用玻璃、塑料造房子对于我们来说略显遥远，那么这些设计就近在眼前。也许当前的社会发展尚且欠缺技术，但是生活从不欠缺艺术的想象、环保的理念与创意。环保创意化腐朽为神奇，垃圾也成“黄金资源”。

六、海洋减塑行动

塑料在带来无数便利的同时也在改变我们的生活，对地球环境产生了污染，这已经成为一个全球共识。人类正在面临巨大的塑料危机。30 年间，全球的塑料产量增长了 320%，相当于每年生产 3 亿 t 塑料。超过 85%的塑料制品未经过回收，就直接进入了垃圾填埋厂。不过，塑料垃圾并没有完全被埋起来。80%的海洋垃圾都来自陆地，而其中 90%都是塑料垃圾。海洋塑料无处不在，甚至在深海和北极冰中都发现了塑料。当塑料进入海洋，就会无处不在。塑料的生物降解技术正在研究，目前只能用光分解塑料，这种分解需要数百年甚至上千年，还只能分解为微小的塑料颗粒——微塑料(microplastics，一种能够吸附毒素的有害物质，最终通过食物链进入人体)。每年有 880 万 t 塑料垃圾进入海洋，由于塑料垃圾带来的缠绕、污染、吸入，700 余种海洋动物正在面临绝境。到 2050 年，99%的海鸟体内都会有塑料垃圾。现实越是残酷，我们越不能坐以待毙。每个人都可以做些事来减少塑料垃圾的产生，并寻找更好的解决方案。

(一)塑料垃圾引发的危害

据有关数据显示，全球平均每分钟消耗塑料袋 100 万个，每年塑料消费总量达到 4 亿 t。然而，目前只有 14%的塑料包装得到回收，而最终有效回收的只有 10%。更可怕的是，塑料降解需要 200~1000 年的时间，填埋还会导致土壤污染，短期内无法恢复。而那些没能得到妥善处理的塑料废品飘散在海洋中，已经造成每年超过 10 万只(头)海洋动物因被塑料袋缠住或误食塑料废品而死亡。

塑料废物造成的危害波及面广，经由水源、土壤和食物，进而影响人体健康。据《纽约时报》报道，2018 年 10 月 22 日，在维也纳举办的欧洲联合胃肠病学周上公布了一项研究成果，该研究首次确认人体内发现了多达 9 种不同种类的微塑料，其中的成分包括聚丙烯(PP)和聚对苯二甲酸乙二醇酯(PET)。所谓微塑料，就是粒径小于 0.5 mm 的塑料碎片。通过各种各样的途径，微塑料已在侵入人体。伦敦国王学院环境健康科学家斯蒂芬妮·怀特认为，微塑料是否会影响人体健康，是否会在人体组织内逐渐累积，这些问题都值得关注。

(二)国内外减塑行动现状

1. 中国“限塑令”

2007年底，国务院办公厅下发了《关于限制生产销售使用塑料购物袋的通知》。通知规定，从2008年6月1日开始，在全国范围内禁止生产、销售、使用超薄塑料袋，并将实行塑料购物袋有偿使用制度。此后，所有超市、商场、集贸市场内的塑料购物袋均明码标价，单独收费。至2018年，这项号称“限塑令”的通知已实施整整10年。然而，10年过去了，一次性塑料制品在生活中仍随处可见，塑料袋在超市、餐饮和农贸市场上依然使用频繁，电商、快递、外卖中的塑料包装用量居高不下，无论是线上还是线下零售场所，执行“限塑令”的情况都不容乐观。

正如《科技日报》在报道中指出，“我们对塑料的无限依赖给了它无孔不入的机会。”随着快递、外卖行业的蓬勃兴起，针对零售领域的“限塑令”的意义逐渐弱化。因为当年的“限塑令”一是禁止生产超薄塑料袋，二是有偿提供塑料购物袋。而据中国物资再生协会再生塑料分会副会长、秘书长王永刚介绍，源头上的控制使超薄塑料袋被淘汰了，塑料袋的质量提高了，但人们的消费习惯并没有改变。的确，两三角钱的塑料袋现在并不会给消费者带来过重的负担，以至于有媒体批评“限塑令”扭曲成了“卖塑令”。为了进一步实现环保的目标，对待塑料废物，中国已经有部分地区向前迈进了一步。2008年，海南开始尝试“禁塑”；2009年，云南也试水“禁塑”；2015年，吉林成为全国第一个下达全面“禁塑”规定的省份。从“限”到“禁”，意味着治理力度的提升、辐射面的扩展。只有从生产环节切入，兼顾消费环节的管控，才能以组合拳打击塑料废物带来的白色污染。

2. 欧洲版“禁塑令”

面对日益威胁生态环境的塑料废弃物，世界各地也都在行动。2018年，欧洲议会通过禁塑法案，该法案可称为欧洲版的“禁塑令”。法案要求从2021年起，欧盟范围内禁止生产和销售一次性餐具、棉签、吸管等一次性塑料制品。这再次引起人们对塑料废弃物的关注。欧盟此次公布的“禁塑令”有一点值得注意，那就是禁用一次性餐具、棉签、吸管等一次性塑料制品后，这些用品将由纸、秸秆或可重复使用的硬塑料替代。2018年夏天，咖啡连锁巨头星巴克宣布，全球所有店面将在2020年前淘汰一次性塑料吸管。当时新闻一出，就立即引发关注。其实星巴克早有准备，研发出了无吸管杯盖——杯口留有一个拇指大小的泪滴状出水口，杯盖一端微微翘起，没有吸管也方便饮用。同时，星巴克还将为冷饮提供纸质吸管。这一系列的行动表明，“限塑令”不仅对自然环境和人类健康有百利，更无害于企业正常经营，只要善于发现、善于创造，就会有新的机遇。

3. 联动各界呼吁减塑

2018 年 3 月 24 日，在世界自然基金会发起的“地球一小时”活动现场，中国连锁经营协会（CCFA）、世界自然基金会（WWF）、绿色消费与绿色供应链联盟联合各大商超集团、外卖平台、电商等企业共同宣布发起了以“重塑未来”为主题的减塑行动倡议，号召社会各界联动起来，为塑料的替代、循环、回收、降解和减量寻找全产业链的、综合性的解决方案。

2018 年，联合国环境署将世界环境日主题定为“塑战速决”（Beat Plastic Pollution），主办国为印度，呼吁世界齐心协力对抗一次性塑料污染问题。

（三）减塑实践活动

1. 活动目的

每年海洋污染有 80%来自陆地，未回收的塑料垃圾占所有海洋废弃物的 60%以上，大量的水生动物因误食塑料垃圾而死亡。为保护水生动物，保护海洋环境，我们应立刻行动起来，从自己做起，从身边做起，做一个海洋环保达人。

2. 活动时间

减塑活动可以“世界海洋日”为契机，倡议公众开展相关减塑实践活动，并以“减塑在行动”为主题进行故事分享。

3. “减塑在行动”参与标准

主动或将要主动减少塑料用品使用并主动回收者，均可报名参与活动。具体包括：经常使用环保袋，尽量不用一次性塑料袋；出行随身自带水杯，尽可能不用一次性塑料水瓶；主动进行垃圾分类；在水边游玩时，主动捡拾塑料垃圾；带动家人和身边同学、朋友做“减塑”行动者。

4. 活动内容

（1）报名。凡有意愿按照“减塑在行动”标准改变自己生活习惯的人均可报名参加活动。

（2）讲出你的“减塑在行动”的故事（文字、照片或视频）。在活动时间内，你减少了多少塑料袋和水瓶的使用？你回收了多少塑料垃圾？你影响了多少人加入减塑行动？你在海边游玩时，捡拾塑料垃圾了吗？晒一晒你漂亮的环保袋和水杯，你总会带着它吗？

5. 参与方式

(1)可通过关注活动的微信、微博公众号、邮箱报名参加。

(2)故事稿件及照片可发至相关部门邮箱。

(3)报名及发稿，请注明个人联系方式，如：姓名、电话和地址，邮件标题注明“减塑在行动”。

塑料垃圾带给海洋的危害是灾难性的，人类应采取积极有效的减塑行动来保护海洋环境，并从自身做起，号召更多亲友加入。如出门购物自带菜篮子、布袋或其他可多次使用的盛物容器，以尽量少用乃至不用一次性塑料袋及其他一次性消耗品，为减少身边的生活垃圾尽一份心，出一份力。

在此，有专家提出以下建议。

(1)鼓励创新和研发。支持机制创新，促进科研和生产企业研发替代性产品，使产业向减塑转型。

(2)促进循环和替代。支持流通环节如商超、电商、物流等行业企业制定自我减量目标，培养循环、减量使用的商业习惯和消费习惯。

(3)推动分类和降解。支持塑料垃圾的分类和降解措施，协助塑料垃圾的无害化处理，使城乡环境得到进一步改善。

(4)培养意识和习惯。支持在“选择、替代、循环、分类、回收”等多个领域开展科学普及，助推公众绿色消费和生活观念的形成。

多方联动，齐心协力，才能还海洋一片纯净。

七、禁渔期调查

过度捕捞、环境污染、栖息地破坏、多部门职责交叉导致的监管不力。多年来，这些消极、负面因素纠缠着曾经纯净、资源丰富的中国沿海地区。伴随着经济的快速发展，海洋却逐渐变成了“空海”“死海”，呈现在大家面前的是生物多样性急剧下降，部分原有经济生物资源逐渐消失，水质恶化，因开发海洋资源而引起的生态风险时时存在。这些导致中国海洋深陷危机的导火索和诱因，在没有得到有效管理和切实扭转之前，都有可能使得现在的状况进一步恶化。这样的海洋危机并非无解，让海洋“休养生息”是当务之急，鱼类资源保护制度——禁渔期，就是一项重要的措施。采取禁渔期这一保护措施，是以自然界提供的水生生物资源数量有限和生态系统的支持能力有限为依据的，是为了保证这些水产资源可持续发展，也是增殖渔业资源的重要措施之一。规定在幼鱼生长阶段的一定时期禁止捕捞，还有利于提高水产品的质量，增加渔业产值。

(一)禁渔期概述

1. 禁渔期政策

禁渔期(fishing closed season)是指政府规定的在特定水域内全面或部分禁止捕捞某种渔业资源或某类作业方式进行生产的时期，是保护渔业资源的一项重要措施。它和禁渔区的性质相同，只是禁渔区是对水域加以限制，而禁渔期是对时间加以限制。其目的是保护水生生物的正常生长或繁殖，保证鱼类资源得以不断恢复和发展。规定禁渔期是世界各国普遍实行的鱼类资源保护制度，中国的渔业法规也明确规定了这项制度。按照《中华人民共和国渔业法》和其他法规的规定，禁渔期由县级以上人民政府渔业行政主管部门规定。

早在上古时代，我国就有“夏三月，川泽不入网罟，以成鱼鳖之长”的规定，后来又有“川泽非时，不入网罟，以成鱼鳖之长”的规定。以后各朝代都进行了类似的规定。世界各国先后制定或签署的一些保护水生生物资源的法律、条例、国际条约、保护大纲、实施细则等，对禁渔期也作了明确规定。如澳大利亚的禁渔期，它是和包括禁渔区等各种保护措施一起，综合性多样化地保护海洋生态平衡。

澳大利亚禁渔期分得非常细，大部分州会把渔业分为休闲渔业与商业渔业两类，可在官网可以查何时何地是某种海产的禁止娱乐性捕捞时期，比如，在澳大利亚西部的部分海域，9 月 1 日到 10 月 31 日是花蟹休闲捕鱼的禁渔期；在更为广阔的一片海域，从 5 月 1 日到 7 月 31 日是红鱼禁渔期。而相对休闲捕鱼，商业捕鱼海域范围以及禁渔期规定则更为细致，澳大利亚地方政府并非一味地因为生态而延长禁渔期。比如在经过为期三年的调查之后，研究表明，南部某些地区的禁渔期并没有影响到该地区澳洲龙虾数量，2016 年南澳大利亚州政府废除了在该州北部地区长期执行的冬季对澳洲龙虾的禁渔期规定，使其可以全年作业。不过，有的州取消禁渔期，也有的州在强化。比如澳大利亚的大堡礁地区，禁渔期的时间和禁渔的种类在不断延长和增加。澳大利亚政府目前正致力于禁渔区、禁渔期以及限渔令，对于某种海产的捕捞上限做出规定，并进行多方位综合治理。

2. 禁渔期的特征

通常对鱼类的产卵场、索饵场、越冬场及其重要的洄游通道等渔业水域，通过国家或地方立法及国际渔业协定等形式，规定在一定时期内禁止捕捞。在中国，禁渔期与禁渔区的规定往往同时并用，即在一定时期内在划定水域内禁止捕捞，任何单位或个人都要自觉遵守伏季休渔各项规定(图 4-12)。

图 4-12　禁渔期渔船伏休

我国政府对吕泗渔场规定每年夏季捕捞大黄鱼和小黄鱼的禁渔期；沿海近岸幼鱼出现高峰季节对定置张网实行不得少于两个月的禁渔期等。在内陆水域的鱼类繁殖或越冬季节，也分别由各省、自治区、直辖市人民政府或其渔业行政主管部门具体规定禁渔期，大致可分春季禁渔期和冬季禁渔期两种。

(二)禁渔期现状调查

为多方面深入了解禁渔期对当地渔民的影响，可以组织相关调查活动。

(1)确定采访地点，联络相关渔民。

(2)计划制订，进行明确的小组分工 。

(3)确定采访的问题。如，渔民的文化程度、渔民对禁渔期的知晓程度、渔民在禁渔期是否有副业，其主要收入是什么等。

(4)采访渔民对政府推行禁渔期政策的看法。

(5)咨询当地海洋与渔业局，了解近几年当地渔业资源的状态和禁渔期政策的推行情况。

(6)小组讨论制定相关问卷调查表。

(7)根据重点问题，列出归纳表格(表 4-3 至表 4-5)

表 4-3　被采访渔民的文化程度

	20 岁以下	20~30 岁	30~40 岁	40~50 岁	50 岁以上	合计
初中及以下						
高中(中专)						
大　专						
本科及以上						
合计						

表 4-4　渔民家庭基本情况

禁渔期内主要活动		份数	百分比
渔船工具修理			
开展副业	水产养殖		
	远洋渔业		
	水产品加工		
	灯光围网、刺网		
	其他		
休息游玩			
兼职零工			
其他			

表 4-5　禁渔期渔民主要活动情况

家庭人口数	份数	家庭中从事捕鱼行业人数	份数	从事捕鱼行业年数	份数
2 人以下		1		5 年以下	
3				5~10 年	
4		2		10~15 年	
5				15~20 年	
6		3 人以上		20~25 年	
7 人以上				25 年以上	

(三)严打偷捕

受利益驱使，禁渔期里还是有一些渔船趁着天黑出海“偷捕”，更令人气愤的是一些渔船还在使用“绝户网”捕鱼。据渔政执法人员透露，他们在执法过程中发现，不仅个别本地渔船存在“偷捕”现象，还有一些来自外省的渔船也来到附近海域偷捕。

对这种违法行为，可以拨打“967201”热线进行举报，还可以通过为信息员或警方提供各种违法违规线索，并在收集线索时注意自身安全，随时向老师、家长汇报情况并在他们的指导下进行。可以开展相关宣传活动，倡议执法部门对于违规捕鱼的行为一旦发现苗头即予以持续震慑；倡议继续加大海陆巡查的力度，对发现的违规行为进行坚决打击；倡议继续扩大政策宣传的覆盖面，努力做到涉海单位、企业函告全覆盖，争取全社会的支持与配合。

八、污水处理厂走访

广袤浩瀚的大海蕴藏着十分宝贵的资源，而这些海洋资源若要得到合理开发利用，必须建立在海洋生态保护和环境有效治理的基础上。目前，我国的海洋环境基本良好。但在某些沿岸的海湾、河口及局部海域，如大连湾、辽河口、渤海湾等，环境污染还比较严重。我国沿海各种类型的污染源主要有 200 多处，这些污染源排放入海的污染物有原油、重金属污染物及有机物污染物。其中河流携带，是污染物入海的主要途径。因此，要保护海洋环境，减少污染物入海，就必须要对污染物的携带者——污水，进行处理。而污水处理最集中有效的措施就是建立污水处理厂。

(一) 污水处理厂及其处理工艺

污水处理厂又称污水处理站，是指从污染源排出的污水，因含污染物总量或浓度较高，达不到排放标准要求或不适应环境容量要求，从而降低水环境质量和功能目标时，必须经过人工强化处理的场所。如图 4-13 所示为上海白龙港污水处理厂。

图 4-13　上海白龙港污水处理厂

污水处理工艺分三级，其基本流程是：通过粗格栅后，原污水经过污水提升泵提升后，经过格栅(粗、细)或者筛滤器，之后进入沉砂池，经过砂水分离的污水进入初次沉淀池(初沉池)。初沉池的出水进入生物处理设备，有活性污泥法和生物膜法(其中活性污泥法的反应器有曝气池、氧化沟等，生物膜法包括生物滤池、生物转盘、生物接触氧化法和生物流化床)。生物处理设备的出水进入二次沉淀池(二沉池)，二沉池的出水经过消毒排放或者进入三级处理。三级处理包括生物脱氮除磷法、混凝沉淀法、砂滤法、活性炭吸附法、离子交换法和电渗析法。二沉池的污泥一部分回流至初沉池或者生物处理设备，一部分进入污泥浓缩池，之后进入污泥消化池，经过脱水和干燥设备后，污泥被最后利用(图 4-14)。

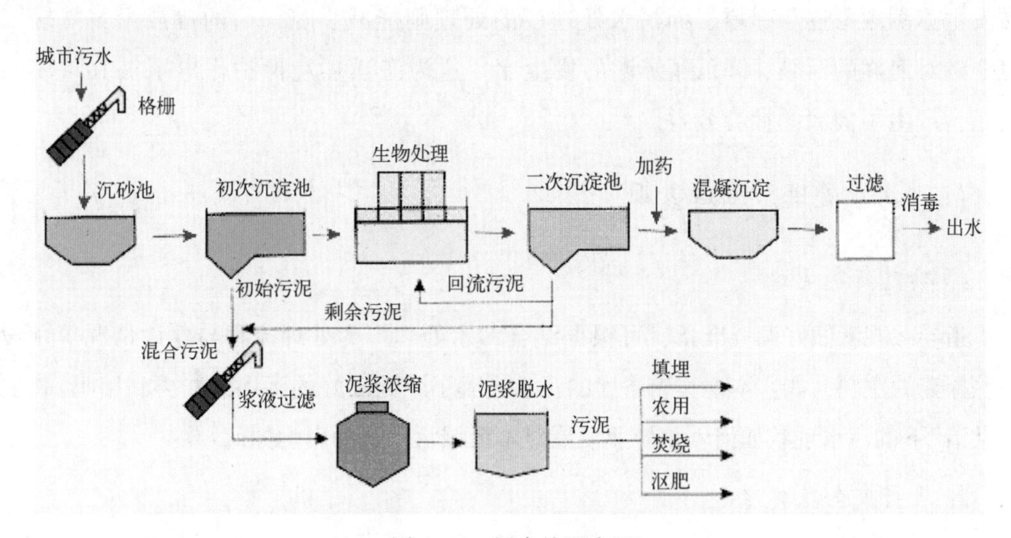

图 4-14　污水处理流程

其中一级处理又称机械处理，工段包括格栅、沉砂池、初沉池等构筑物，以去除粗大颗粒和悬浮物为目的，通过物理方法实现固液分离，将污染物从污水中分离，这是普遍采用的污水处理方式。一级处理是所有污水处理工艺流程必备环节，城市污水一级处理 BOD_5和 SS 的典型去除率分别为 25%和 50%。在生物除磷脱氮型污水处理厂，一般不推荐曝气沉砂池，以避免有机物过于快速地被降解；在原污水水质特性不利于除磷脱氮的情况下，初沉的设置与否以及设置方式需要根据水质特性的后续工艺加以仔细分析和考虑，以保证和改善除磷除脱氮等后续工艺的进水水质。

污水生化处理属于二级处理，以去除悬浮物和溶解性可生物降解有机物为主要目的，其工艺构成多种多样，可分成活性污泥法、SBR 法、稳定塘法等多种处理方法。日前大多数城市污水处理厂都采用活性污泥法。生物处理的原理是通过生物作用，尤其是微生物的作用，完成有机物的分解和生物体的合成，将有机污染物转变成无害的气体产物(CO_2)、液体产物(水)以及富含有机物的固体产物(微生物群体或称生物污泥)；多余的生物污泥在沉淀池中经沉淀固液分离，从净化后的污水中除去。

三级处理是对水的深度处理，是继二级处理以后的废水处理过程，也是污水最高处理措施。它将经过二级处理的水进行脱氮、脱磷处理，用活性炭吸附法或反渗透法等去除水中的剩余污染物，并用臭氧或氯消毒杀灭细菌和病毒，然后将处理水送入中水系统，作为冲洗厕所、喷洒街道、浇灌绿化带、工业用水、防火等水源。水体中的氮、磷含量高时会形成水体富营养化，造成水体中藻类迅速繁殖，导致海域发生赤潮现象逐年递增，而污水处理厂的处理则能减少氮、磷的排放量，减轻了氮、磷对海洋的污染，降低了赤潮的发生率。这为海洋环境保护作出了极其重要的贡献，产生了极大的社会效益。

(二)污水处理厂调查参观

1. 确定研究主题

指导参观者做好调查准备，可根据结合污水处理厂的处理流程与建设情况等预设一些探究的主题，如：本地宾馆餐厅的污水去哪了？处理好的污水还能再利用吗？“五水共治”下的污水现状如何？旅游业发展对本区域污水量的影响如何？

2. 进行安全教育

出发前领队讲解活动注意事项，要求参观时跟随队伍不掉队、不拥挤、守纪律；不独自去水池边玩耍或参观，特别留意污水处理厂的污水处理池、蓄水池等危险区域；保持安静、注意倾听，询问调查时注意交流礼仪。

3. 了解工作流程

在工作人员的带领下进厂参观，了解污水处理厂车间的大致流程及其设备，参观工作人员的操作。然后有秩序地跟随讲解员参观户外设施，做好相关资料的记录。其间可以询问工作人员，深入了解各个流程，并及时做好笔记(图 4-15)。

4. 检测前后水质

组织者准备专用检测设备，开展检测水质的实验，对比污水处理前和处理后的差别。主要选取处理前后水样本，进行 pH 值、含氧量的测定，观察水样颜色、气味、透明度的变化。记录表见表 4-6。

图 4-15　学生参观污水处理设施

表 4-6　污水处理厂水样检测记录表

水源种类	颜色	气味	透明度	pH 值	溶解氧浓度
我们的发现					

(三)污水处理厂调查成果

1. 研究性学习绘制类作品

这类作品包括手绘污水处理厂的工作流程图、保护水资源的漫画、参观污水处理厂的小报等。

2. 研究性学习成果小报告

这类工作包括指导各小组完成研究性学习报告，选择优秀案例在相关微信公众号、网站、宣传窗等处发布展示。

3. 保护水资源宣传倡议

结合本地污水处理厂参观及调查收获，开展保护水资源的宣传倡议活动，如倡议本地环保部门严格督查工业污水排放现象，倡导旅游旺季时宾馆合理用水，编写减少水污染的倡议书，上街采访路人并签订节水承诺书等。

九、近海湿地保护

2019年，中国国际湿地公约履约办公室发布了《中国国际重要湿地生态状况》白皮书。该白皮书显示，我国自加入国际湿地公约以来，已指定国际重要湿地共57处，其中内地56处、香港1处。内地56处国际重要湿地分布在21个省(区、市)，其中内陆湿地41处、近海与海岸湿地15处。56处国际重要湿地范围面积662.38万hm^2，湿地面积320.18万hm^2，自然湿地面积300.10万hm^2。在内地56处国际重要湿地中，分布有湿地植物约2140种、湿地鸟类约240种。然而，随着中国海洋经济的快速发展，港口码头航运业发展迅猛，海洋海岸工程不断上马，污水排海量大幅增加，加之沿海土地圈围、海洋捕捞过度等原因，大量的海岸湿地消失，海洋和近海生态环境逐步衰退。

(一)近海湿地的种类与特征

海岸湿地处于海陆相交的区域，受到物理、化学和生物等多种因素的强烈影响，是一个生态多样性较高的生态边缘区。我国海岸湿地划分为7种类型，即淤泥海岸湿地、帮砾乐海岸湿地、基岩海岸湿地、水下岩坡湿地、潟湖湿地、红树林湿地和珊瑚礁湿地。如图4-16所示为东寨港国家级自然保护区的红树林。

图4-16　东寨港国家级自然保护区的红树林

在中国近海与海岸湿地主要分布于沿海的11个省(自治区、直辖市)和港澳台地区。我国海域沿岸有1500多条大中河流入海，形成了浅海滩涂、珊瑚礁、河口水域、三角洲、红树林等湿地生态系统。

我国近海与海岸湿地以杭州湾为界，分成杭州湾以北和杭州湾以南两个类型。

杭州湾以北的近海与海岸湿地除山东半岛、辽东半岛的部分地区为岩石性海滩外，多为沙质和淤泥质海滩，如环渤海滨海湿地和江苏滨海湿地。这里植物生长茂盛，潮间带无脊椎动物资源特别丰富，浅水区域鱼类较多，为鸟类提供了丰富的食物来源和良好的栖息场所。因而杭州湾以北海岸湿地成为大量珍禽的栖息过境或繁殖地，如辽河三角洲、黄河三角洲、江苏盐城沿海等。黄河三角洲和辽河三角洲是环渤海的重要滨海湿地，其中辽河三角洲有世界第二大苇田——盘锦苇田，面积为 6.6 万 hm^2。此外，环渤海近海与海岸湿地还有莱州湾湿地、马棚口湿地、北大港湿地和北塘湿地。江苏滨海湿地主要由长江三角洲和黄河三角洲的一部分构成，仅海滩面积就达 55 万 m^2。

杭州湾以南的近海与海岸湿地以岩石性海滩为主。其主要河口及海湾有钱塘江-杭州湾、晋江口-泉州湾、珠江口河口湾和北部湾等。在海南至福建北部沿海滩涂及台湾西海岸都有天然红树林分布区。热带珊瑚礁主要分布在西沙和南沙群岛及台湾、海南沿海，其北缘可达北回归线附近。目前对浅海滩涂湿地开发利用的主要方式有：滩涂湿地围垦、海水养殖、盐业生产和油气资源开发等。

(二) 近海湿地的主要功能

近海及海岸湿地发育在陆地与海洋之间，是海洋和大陆相互作用最强烈的地带，生物多样性丰富、生产力高，在全球气候变化、防风护岸、降解污染、调节气候等诸多方面具有重要价值。下面以红树林为例进行简要介绍。

(1) 从生态效益角度来看，有助于生态繁殖。红树以凋落物的方式，通过食物链，为海洋动物提供良好的生长发育环境。同时，由于红树林区内潮沟发达，吸引深水区的动物来到红树林区内觅食栖息，生产繁殖。由于红树林生长于亚热带和温带，并拥有丰富的鸟类食物资源，所以红树林区是候鸟的越冬场和迁徙中转站，更是各种海鸟繁衍生息的场所。

(2) 红树林另一重要生态效益是它的防风消浪、促淤保滩、固岸护堤、净化海水和空气的功能。盘根错节的发达根系能有效地滞留陆地来沙，减少近岸海域的含沙量；茂密高大的枝体宛如一道道绿色长城，有效抵御风浪袭击。

(3) 红树林的工业、药用等经济价值也很高。红树林为人们带来大量日常保健自然产品，如木榄和海莲类植物的果皮可用来止血和制作调味品。在印度，木榄和海莲类的叶常用于控制血压。据说红树果实的汁液涂抹在身体上还可以减轻风湿病的疼痛。在印度尼西亚和泰国，用红树果实榨的油，可用于驱蚊、治疗昆虫叮咬和痢疾发烧。

（三）破坏近海湿地环境的主要因素

海塘（堤）达标工程建设凸显生态弊端。海塘（堤）达标工程提高了海塘（堤）的防御标准，改善了投资环境，客观上极大地促进了地方经济的发展，发挥了巨大的经济效益。但我国海塘建设采取块石（或混凝土）结构代替近岸生物生态环境，在一定程度上对原有塘址近潮间带生态系统造成了破坏。

海洋圈围造成近海湿地资源锐减。由于人类不断开发海岸湿地资源，海洋圈围造成近海湿地资源退化严重。

海洋污染严重。随着海洋开发的加剧，航运的发展，水质污染日趋严重，海水、沉积物、生物体中重金属含量都有明显的升高，海域富营养化状况进一步加剧。

过度的海洋捕捞，使海洋渔业资源走向枯竭，海洋生物多样性下降，海洋生态系统逐步退化。

海洋工程施工影响实体堤坝施工工程，如圈围工程、保滩、港口码头大堤等会直接侵占沿堤线坝体底部较宽范围内的底栖动物栖息地，在该范围内的原有底栖生物类群受到不可逆转的损害。

（四）实地考察近海湿地

1. 制订考察计划

组织考察者进行小组讨论，引导探究如何保护近海湿地，罗列措施。以课题组为单位，分工合作，制订实地考察近海湿地的研究性学习计划。

2. 做好考察准备

进行近海湿地进行考察，要带好摄录设备以便进行活动资料的积累；进行记录表格的设计、打印、文具准备工作；要求考察者准备好口罩、皮手套等野外考察必备防护用品及食品。

3. 开展考察实践

实地开展系列研究性学习实践活动，探寻湿地动植物的奥秘，了解水质等情况，具体内容包括以下几项。

（1）清洁湿地行动。包括清理草地垃圾、水面垃圾等。

（2）湿地动植物分类调查。观察近海湿地生物，通过语言描述、分析比较，归纳种类及生长特性。

（3）湿地水质调查。由科学老师指导，开展现场水质检测与定期监测活动。

（4）湿地文化作品观摩。

(5)开展湿地现状访问活动。方法包括访问周边居民，包括菜农、渔民及水产养殖户等；访问周边第三产业从业者了解湿地情况；访问湿地所在地基层政府的环保助理等。

4. 宣传考察成果

实践活动结束后，考察者展示考察近海湿地的实践成果，分享心得体会。然后进行分析与反思，归纳、总结如何保护好近海湿地策略，提出合理建议，编写倡议书，并通过各种方式进行宣传。

十、海洋环保新行动

纵观国内外陆续出台的政策与行动中，可以看到海洋生态环境保护的意识与举措正逐渐提升，过去一味的“索取”式发展思路正在发生转变。面对海洋污染、生态遭到破坏的现状，为了改善海洋生态环境，除政府加强海洋保护外，科学家们正在开发海洋环保技术，越来越多的民间组织和个人也加入到保护海洋的队伍中来。本部分提及的全球海洋环保新行动让塑料、易拉罐、玻璃瓶等重新产生价值，并给社会的发展、人类的生存带来了重大的环保启示。在这些富有创意的行动实践中，人们会重新定义和改变城市可持续发展模式——让人们拥有更美好的生活，正是这个时代需要深思的问题。

(一)“渤海八条”

环渤海地区人口众多、经济发达、区位优势突出，高强度开发和重型化产业结构导致渤海资源环境容量超载。加之渤海属于半封闭内海，海水交换和自净能力较差，海洋生态环境问题十分严峻。

2016年以来，中央领导同志先后多次作出重要批示，对扎实推进环渤海水环境治理和保护提出了明确要求。2017年5月，被称为“渤海八条”的《国家海洋局关于进一步加强渤海生态环境保护工作的意见》印发，从规划引领、系统施治、严格保护、防范风险、提升能力、执法督察、科研攻关等方面形成了一整套渤海环境保护“组合拳”。

“渤海八条”形成了新时期渤海生态环境保护的新思路和新考虑。“责任+协同”的运行机制，明确了中央、地方事权职责划分，形成了职责明晰、分工明确的整体机制。“约束+倒逼”的管控体系，强化了“三条红线”约束，即坚守近岸海域水质优良比例的环境质量底线、海洋生态红线区面积占管理海域面积比例的生态功能保障基线、大陆自然岸线保有率的自然资源利用上线。“改革+制度”的创新机制，把加快推进制度体系建设作为突破口和增长点。“海域+陆域”的治理体系，更加强调以海定陆，依据海域的资源环境承载能力和环境质量改善需求，来确定陆域的环境治理和开发利用管控要求。

(二)“湾长制”

“湾长制”(“河长制”“滩长制”)是近年来环境治理的新模式。2017 年，浙江全省和山东省青岛市、河北省秦皇岛市、江苏省连云港市、海南省海口市先后开展了“湾长制”试点。海口由市委书记、市长双挂帅，形成了市、区、镇(街道)三级责任体系，在我国率先设立了“湾长制”专门常设机构——海口湾长办公室，建立了 26 项配套管理制度，在排污口排查、岸线清理整顿方面取得了显著成效。

青岛市委、市政府印发的《关于推行湾长制加强海湾管理保护的方案》，在胶州湾、崂山湾、灵山湾分别设立了三级“湾长制”体系，明确了防治污染等 4 方面 23 项具体任务和责任分工。

浙江省委印发的《关于在全省沿海实施滩长制的若干意见》，结合自身实际情况，建立“湾(滩)长制”，将岸滩岸线分片包干，作为“河长制”向海洋的延伸，象山等地的实施效果已初步显现。秦皇岛市依据自身海域特点实施“一滩一策”，将沙滩环境综合整治与“湾(滩)长制”结合，每一段沙滩的保护修复都落实到具体责任人。连云港市政府成立了海州湾“湾长制”领导小组及办公室，明确了 5 大类 20 项主要任务和责任分工，建立了与“河长制”衔接的联席会议制度。

这些省市的“湾长制”试点，积累了丰富的实践经验，使“湾长制”这一新制度建设得到了充分验证和完善，为在沿海地区全面推行奠定了基础。2017 年 9 月，国家海洋局印发《关于开展“湾长制”试点工作的指导意见》，推动“湾长制”试点工作在更大范围内、更深层次上加快推进。上海、广西、广东、大连等地区陆续提出开展“湾长制”试点的诉求。

(三)大型海洋塑料垃圾清理系统“海洋净化”

2018 年 9 月 8 日，旧金山。一艘海洋垃圾清理船拖着一条 600 m 长、直径 1.5 m 粗的巨大塑料管，悄悄从金门大桥下通过，驶向太平洋，展开人类史上最大的一次海洋清理行动。它的目的地是近 540 nmile 以外的“太平洋垃圾带”。史上最浩大、最漫长的海洋垃圾清除工作从此正式展开(图 4-17)。

图 4-17　伸向“太平洋垃圾带”的巨大塑料管

“太平洋垃圾带”位于美国本土与夏威夷群岛之间。根据 2018 年的数据，其面积是法国的 6.5 倍之多。人们把它称为地球上七个大陆之外的“第八大陆”。在过去 60 年间，这个垃圾带的面积一直在扩大，这里的垃圾多达 1000 万 t。由于洋流、副热带高压的影响，数以万吨计垃圾逐渐汇聚于此。经过计算，如果用传统的拖网渔船，哪怕是 20 艘船齐发日夜不休地工作，大约要 1000 年才能清除全球的海洋垃圾。所以全球的环保科学家都等待突破性的发明来解这个难题。24 岁的荷兰发明家斯莱特的解决方案是用随着海流漂浮的巨型塑料管来拦截，而不是靠渔船拖行。经过多年的研发和计算机模拟，2018 年，第一艘专门用于清理垃圾的实验船制造完成，并驶向太平洋垃圾带，正式开始海上垃圾清理作业。非营利性组织“海洋清洁公司”募集了 4000 万美元资金，负责整个清理过程，如果效果良好，之后他们会制造 60 个同型设备，日夜不停自动收集这片广阔的海洋垃圾。而这项任务能不能成功，要到近 20 年后才能得到验证。

(四) 自动海洋生物分析器

为了研究真实海洋环境中的生物，美国研究人员开发出自动海洋生物分析器。这种仪器的外观如同一个柱状的钢罐。罐内相当于一个小型实验室，集成了多种生物芯片，可以快速分析所采集生物的相关信息，包括身体结构、细胞构造、蛋白质组成、DNA 种类等。

钢罐中的仪器还能在不同地点和深度收集海水水样，对海水的化学成分进行分析。科学家通过分析海洋生物的分布情况及生理构成，再结合海水水样分析结果，就可以了解海洋生态环境及污染情况，以便采取合理的应对措施(图 4-18)。

图 4-18　自动海洋生物分析器出水情况

(五)海洋观测系统

为了更好地监测海洋环境，美国国家科学基金会和海洋规划协会正在规划庞大的海洋观测系统。这个系统的主要组成部分是水下传感网络，在近海、公海和海底等位置观测如气候变化、海洋环流、海洋酸化等复杂的海洋过程(图 4-19)。

图 4-19　海洋观测系统示意

这个系统还包括可遥控操纵的潜水机器人、水下取样器、通信网络和海面浮标。潜水机器人的下潜深度甚至超过潜艇；水下取样器能够以每分钟一次的频率进行采样；通信电缆将这些现场实验数据直接连接到陆地上的计算机，海面上浮标采集的数据则通过高速网络发送到卫星。如果这个监测系统一旦建成并投入使用，可以更好地监测海洋生态环境。

（六）太阳能双体船

2012 年，世界首艘太阳能动力双体船——“图兰星球太阳”号完成环球之旅。该船是目前世界上最大的全太阳能动力双体船，它的甲板上铺设了 537 m^2 的太阳能电池板，为船体两侧配备的 4 个电动发动机提供能量（图 4-20）。

图 4-20　“图兰星球太阳”号太阳能双体船

世界上多个国家都在开发太阳能动力船舶，而“图兰星球太阳”号是第一艘完成环球旅行的全太阳能船舶。在整个巡航过程中，这艘双体船的温室气体排放量几乎为零。它的成功说明了利用绿色能源进行远洋旅行的可行性，如果逐步推广类似的用绿色能源技术，就可大大减少燃油和噪声对海洋生态环境的污染。

（七）“鼩鼱机器人”

水下机器人在幽深的海底工作时，需要进行照明。但人工照明会影响海底生物，难以探测真实的生态环境。英国科学家设计出一种可以探测深海幽暗环境的“鼩鼱机器人”（图 4-21）。

“鼩鼱机器人”不需要照明光源，它在海底高速前进时通过状如胡须的传感器振动收集位置、形状和质地等环境信息。除了探测深海环境外，这种机器人还可在战场、灾区等视野受限的环境中工作。

图 4-21 “鼩鼱机器人”

(八)海水锂电池

近年来，美国科研人员研制出一种海水锂电池，这种电池的关键之处是包裹锂的电解质薄膜，这种膜可以让海水与锂逐渐接触而发生反应，不会出现燃烧甚至爆炸。在海水锂电池中，每千克锂可以产生 1.3 kWh 的电能，而目前等质量的锂离子电池只能产生 0.4 kWh 的电能。研究人员表示，有了可以接触海水的电池后，海上舰船就可以逐步采用混合动力发动机，甚至采用纯电动发动机，可大大降低燃油发动机对海洋的污染(图 4-22)。

图 4-22 海水锂电池

(九)虾蟹壳“华丽转身”

我国每年消费的海产品达几百万吨，由此产生蟹、虾壳有几十万吨，如果不能善加利用，不仅是资源的浪费，也会污染环境。

研究表明，蟹、虾壳中含有丰富的甲壳素。甲壳素也叫甲壳质，广泛存在昆虫类、水生甲壳类等无脊椎动物的外壳中，它是迄今为止发现的自然界中唯一存在的阳离子型纤维。目前医学界已经证实了甲壳素具有抗癌抑癌、提高人体免疫力及护肝解毒作用。现在市场上已经有了甲壳素胶囊，作为一种保健品，甲壳素胶囊可用于改善消化吸收机能、降低血压、促进溃疡的愈合、增强免疫力。除了用来制作保健品，甲壳素在工业上还可制作布料、染料、纸张和水处理等；在农业上可做杀虫剂、植物抗病毒剂，制作鱼饲料；在医疗用品生产方面还可用于生产隐形眼镜、人工皮肤、缝合线、人工透析膜和人工血管等。据有关统计数据显示，世界上90%以上的甲壳素产自中国。此外，以虾壳蟹壳为原料，还可以生产壳聚糖。壳聚糖是生产海绵状有序多孔的纳米吸附材料的重要原料。

(十)送贝壳回家

随着人类对海洋不断地开发利用，海洋生态环境也遭到越来越严重的威胁。贝类作为海洋生态系统中重要的一环，对海洋生态有着鲜为人知的重要意义。贝壳可以为微生物提供栖息地，促进人工鱼礁的形成，保证沙滩和浅海海域的稳定，还可以帮助吸附分解油污、重金属。使贝壳回归大海，不仅对促进海洋生物生长和海洋环境生态系统优化起到巨大的作用，同时也节约了贝壳回收、填埋、焚毁处理等工作所需要的人力物力。近些年，国家海洋行政主管部门通过各类活动宣传贝壳、保护海洋的自然属性，引导社会民众主动送贝壳回归大海。

(十一)未来海洋工艺项目

来自香港的多学科设计工作室Studio Florian & Christine，通过建立未来海洋工艺项目，鼓励公众参与清洁香港海域受污染的海水，同时与当地工匠合作，使这些海洋里的废弃物在经过处理后可以产生新的价值。Studio Florian & Christine由两名成员组成，Christine Lew和Florian Wegenast。Christine Lew是一位跨学科设计师，在科学、技术和工艺的交叉点进行着多样的探索，目前，她正探索将废弃材料带入可持续和创新工艺的流程当中。Florian Wegenast是一位实验性的工业设计师，他正在探索如何让设计与地球建立更好的联系。Florian在自己的工业设计硕士课程中专注于开放和可持续的设计。Studio Florian & Christine希望让设计突破可持续材料和工艺流程的界限，将它们用于未来的生活当中。他们的设计不仅适用于现代家居装饰，还能将废弃物重新引入商品流通，同时鼓励人们关注污染和废物处理问题，最终为人们创造开源可持续工艺流程，将当地海洋废弃物重新用于新的升级回收计划。

随着政府、社会各界重视程度逐渐提高，海洋生态修复逐渐产生效果。有了国家在海洋环境保护方面的法律法规，有了先进的海洋环保技术，有了环保先锋们的积极行动，相信在不远的未来，人类赖以生存的海洋环境会得到好转，让海洋生物拥有一个干净而美丽的家园。

参考文献

刘宝剑，2006. 高中研究性学习基础教师教学用书[M]. 杭州：浙江科学技术出版社.

柯迷，2013. 改善海洋环境的5种新技术[J]. 知识就是力量(3)：60-61.

普陀县地名办公室，1986. 浙江省普陀县地名志(内部资料). 舟山：普陀县地名办公室.

田中二良，1982. 水产药物详解[M]. 刘世英，雍文岳，译. 北京：中国农业出版社.

王海博，绿色和平，2013. 贪婪和监管不力阴影下的中国海洋危机[J]. 世界环境(4)：30-31.

王万胜，杜运才，2016. 上海金山区海岸湿地现状及生态补偿机制探讨[J]. 湿地科学与管理，12(2)：56-58.

赵艳丽，杨先乐，黄艳平，等，2002. 丁香酚对大黄鱼麻醉效果的研究[J]. 水产科技情报(4)：163-165.

中华人民共和国教育部，2017. 中小学综合实践活动课程指导纲要[EB/OL]. http：//www.moe.gov.cn/srcsite/A26/s8001/201710/t20171017_ 316616.html [2017-09-25].

舟山市地方志编纂委员会，2016. 舟山市志[M]. 北京：商务印书馆.

舟山市普陀区档案局，舟山市普陀区档案馆，2014. 普陀岛屿全集(内部资料). 舟山：普陀区档案局.

周慧秋，于滨，乔婉红，等，2000. 甲基丁香酚药理作用研究[J]. 中医药学报，28(2)：79-80.

COYLE S D，DURBOROW R M，TIDWELL J H，2004. Anestheties in Aquaeulture [R]. SRAC Publieation，No. 3900.

后记

本丛书从设计到完成编写经历了四年多的时间，终于顺利出版了，倍感欣慰且富有成就感。

组织这套丛书的初衷就是把多年来教师在学校里开展的色彩缤纷、丰富多样但又稍显杂乱无序的个体化的海洋教学实践，进行提炼、提升和推广，使之更科学、更有效地为海洋教育服务。同时，希望把海洋教育从传统海洋知识教育向实践体验转变；从被动学习向主动研究性学习转变；从单一的关于海洋的认知向海洋审美、海洋艺术和海洋体育等方面拓展。现在这些目标已经基本实现。

本丛书在编写过程中，编写者也不断成长，也有不少收获。包括本丛书编者张英、李红雁老师在内的沈家门小学海洋教育教师团队荣获“2017年度中国海洋人物”荣誉称号；沈家门小学承担的“多通道选择性实施海纳校本课程的实践探索”和普陀区教育局承担的“区域推进现代海洋教育的实践研究”分别获得2016年度浙江省基础教育教学成果一、二等奖；多篇论文在核心和学术期刊发表；多位编者承担了市级以上的海洋教育公开课。编写团队还收到多家学校和教育机构的邀请，进行学术和教学交流。两位参编作者被聘为中国太平洋学会海洋科普与传播专业委员会智库专家。

现在看来，这套丛书和以参编作者为代表的一线海洋教育者们是一起成长的。这套丛书的出版只是一个阶段性成果，我们不会就此止步。为了使海洋教育形成规模、形成系统，我们还要克服困难、砥砺前行。

我们的信念是：做好海洋教育，是普陀教育人的梦想和孜孜不倦的追求。

编写组

2020年10月